Índice

Actividades para recortar

APRENDE LOS NÚMEROS DEL 1 AL 10
CON REGLETAS CUISENAIRE

Autor

Gestor de Educación y Capacitación
Blanca Esthela Maldonado Fajardo

Ilustración

Blanca Esthela Maldonado Fajardo & Freepik

Recurso educativo para nivel preescolar y básica

Versión 2. 2023

Contacto

blanca.maldonado.f@gmail.com

https://www.youtube.com/c/TutorialesAprendeenunClick
Tlaquepaque, Jalisco, México.

Número uno

Regleta blanca

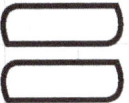 □

Número uno

Instrucciones: completa la plana del número uno.

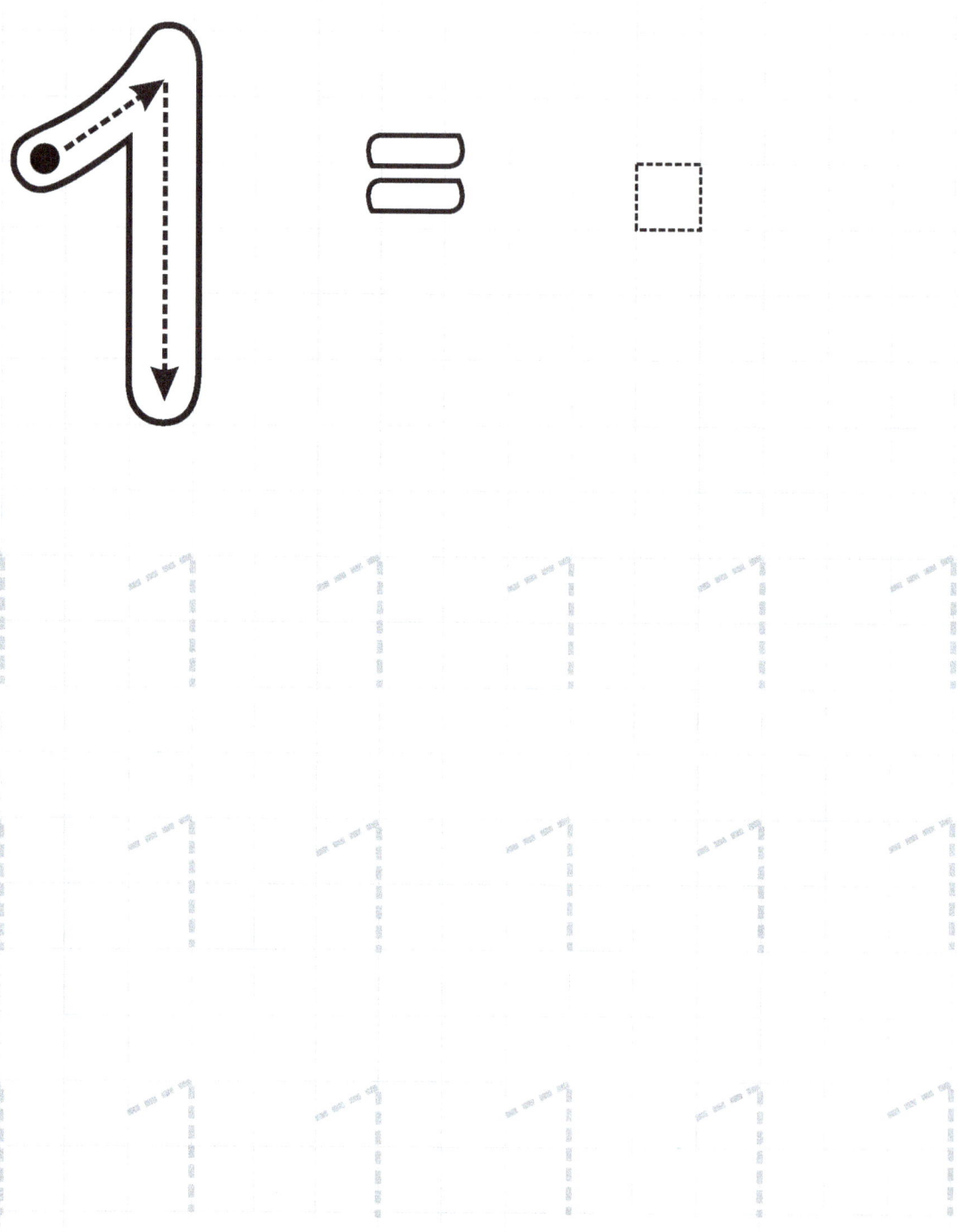

Conteo y número uno

Instrucciones: completa la plana realizando el conteo con la regleta blanca y remarca el número uno.

Instrucciones: completa la plana de la regleta blanca y remarca el número uno.

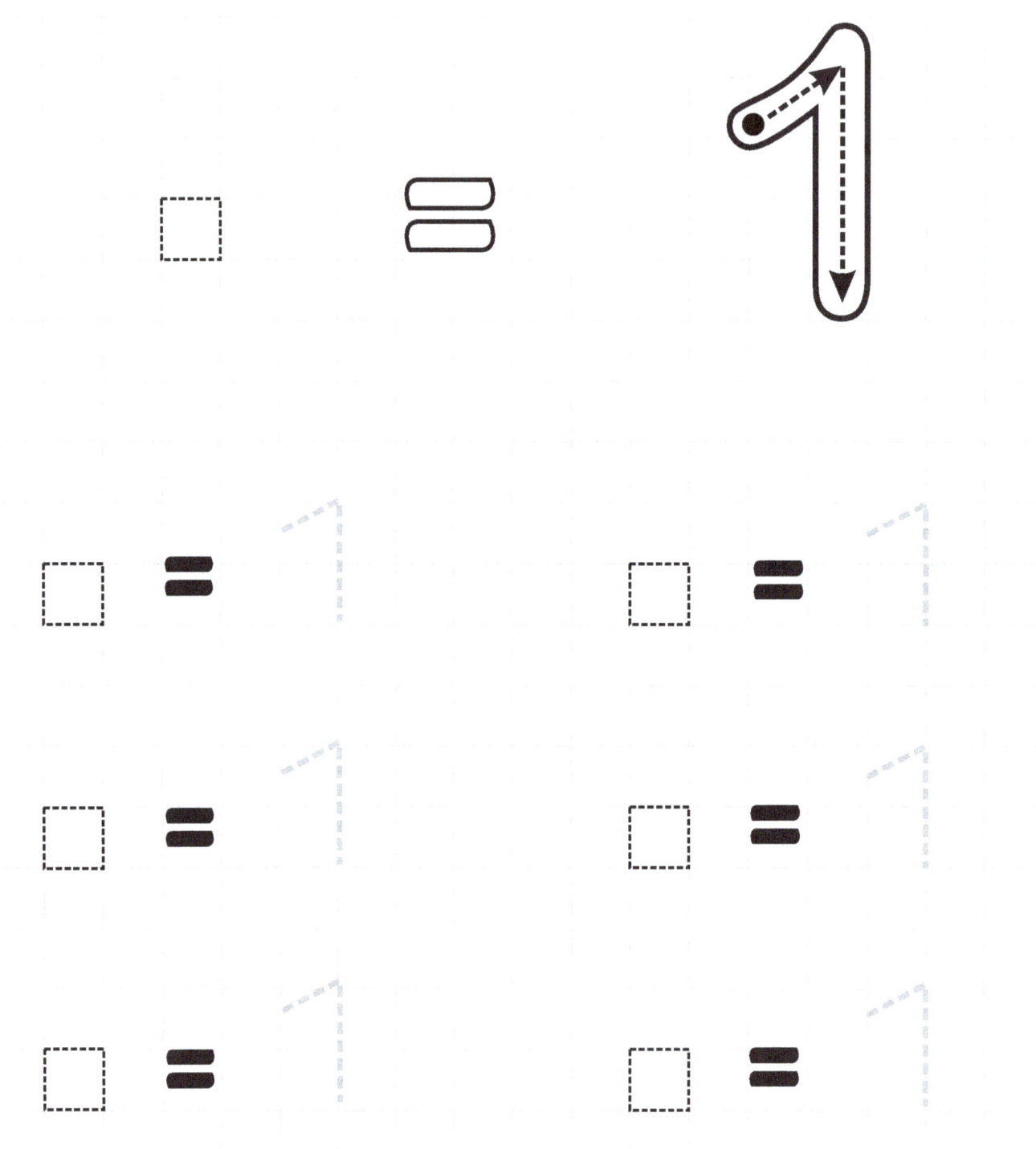

Número dos

Regleta roja

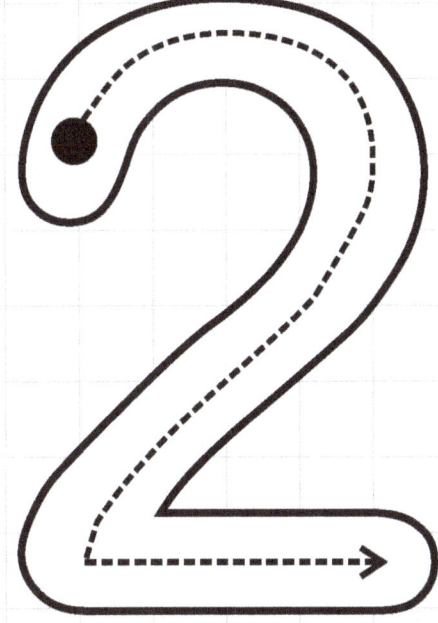  

Números dos

Instrucciones: completa la plana remarcando el número dos con lápiz de color rojo.

Conteo y número dos

Instrucciones: completa la plana realizando el conteo con la regleta roja y remarca el número dos con lápiz de color rojo.

Instrucciones: completa la plana de la regleta roja y remarca el número dos con lápiz de color rojo.

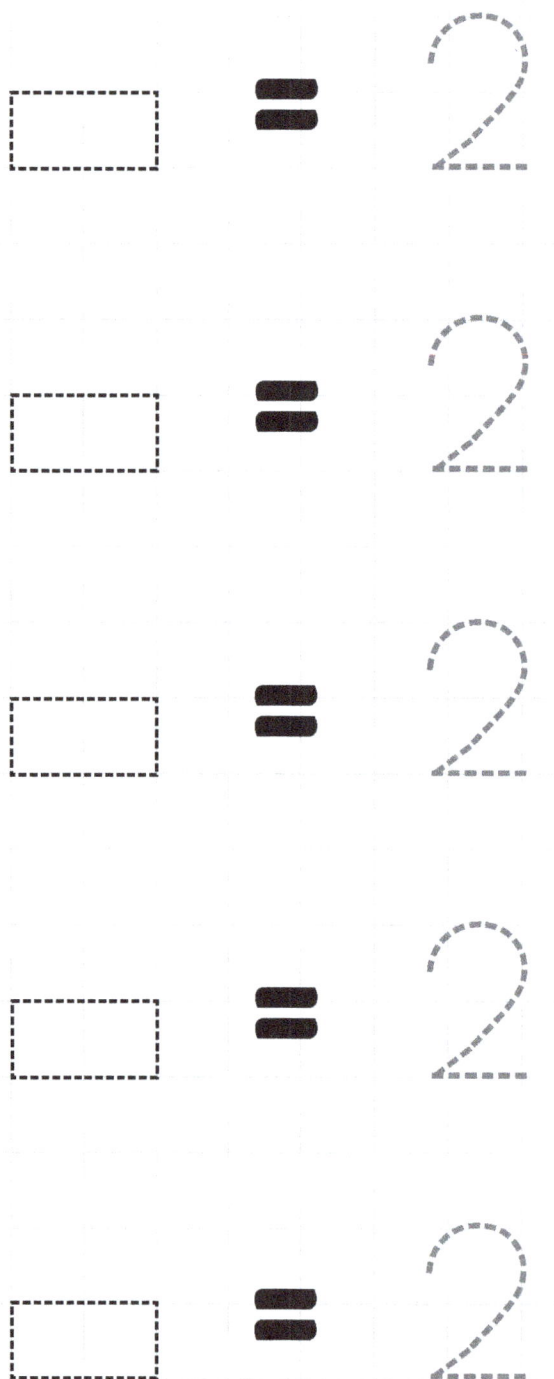

Número tres

Regleta verde claro

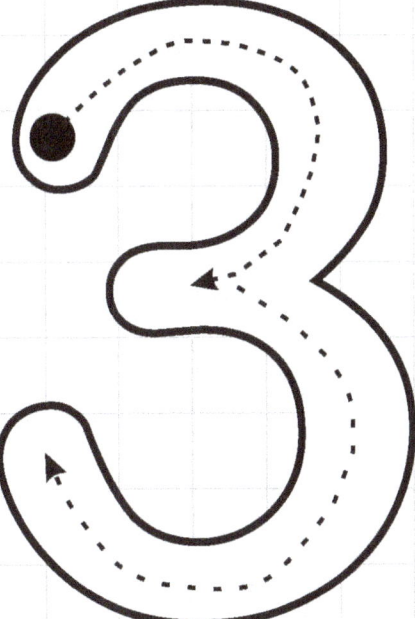 

Número tres

Instrucciones: completa la plana remarcando el número tres con lápiz de color verde claro.

Conteo y número tres

Instrucciones: completa la plana realizando el conteo con la regleta verde claro y remarca el número tres con lápiz de color verde claro.

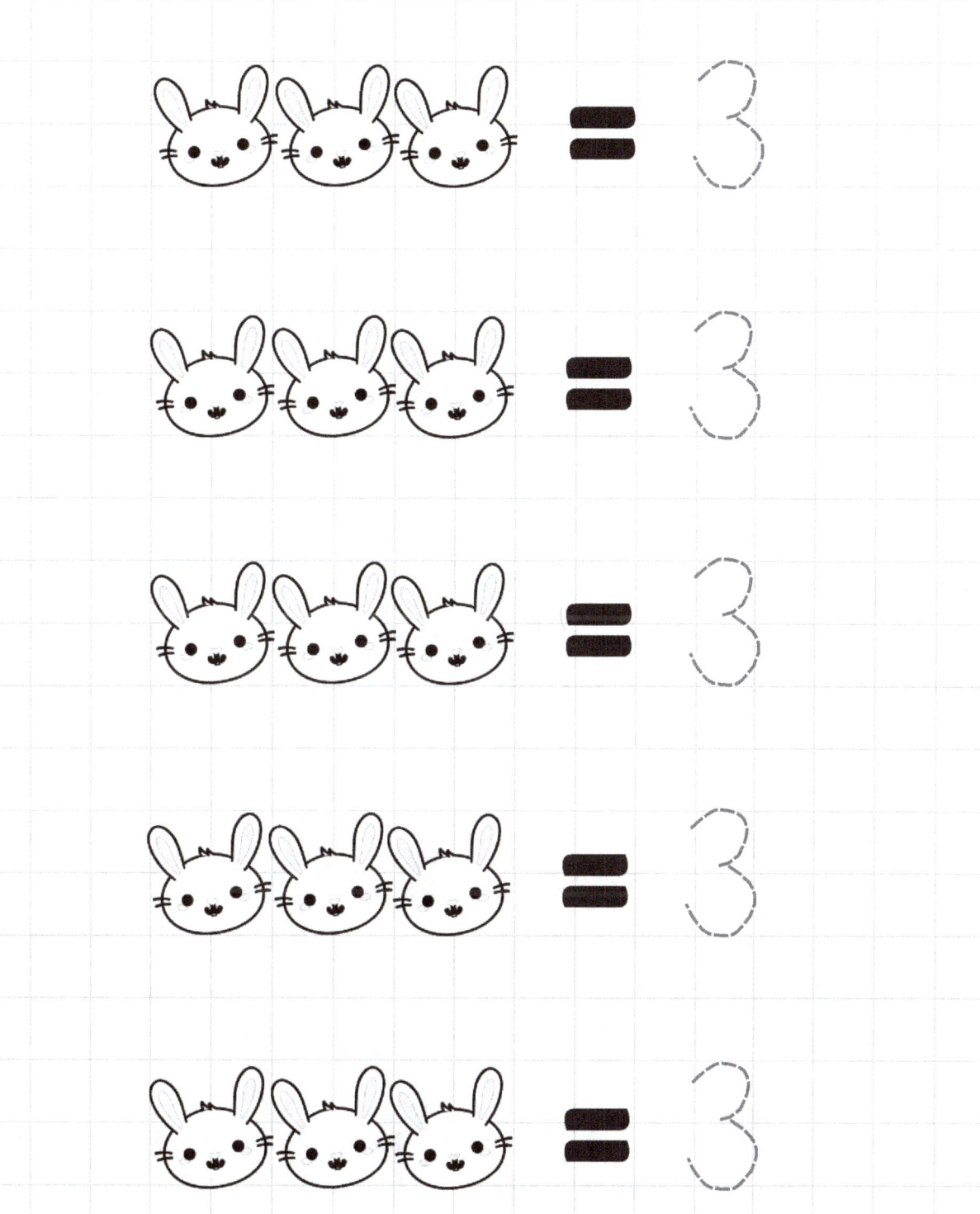

Instrucciones: completa la siguiente plana de la regleta verde claro y remarca el número tres con lápiz de color verde claro.

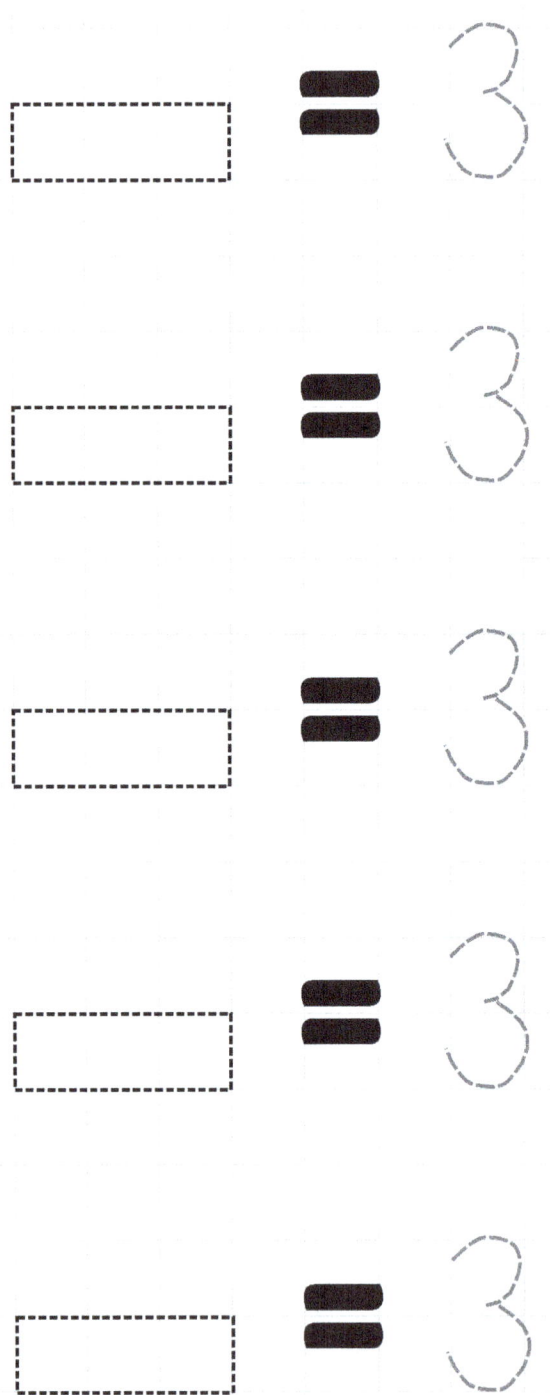

Matemáticas de Colores

¡Vamos a contar!

Repaso de aprendizajes del número 1, 2 y 3

Instrucciones: cada que cuentes tres conejos encierralos utilizando un lápiz de color verde claro.

Repaso de aprendizajes de las regletas

Instrucciones: ingresa en cada circulo la regleta que se te indica.

Número cuatro

Regleta Rosa

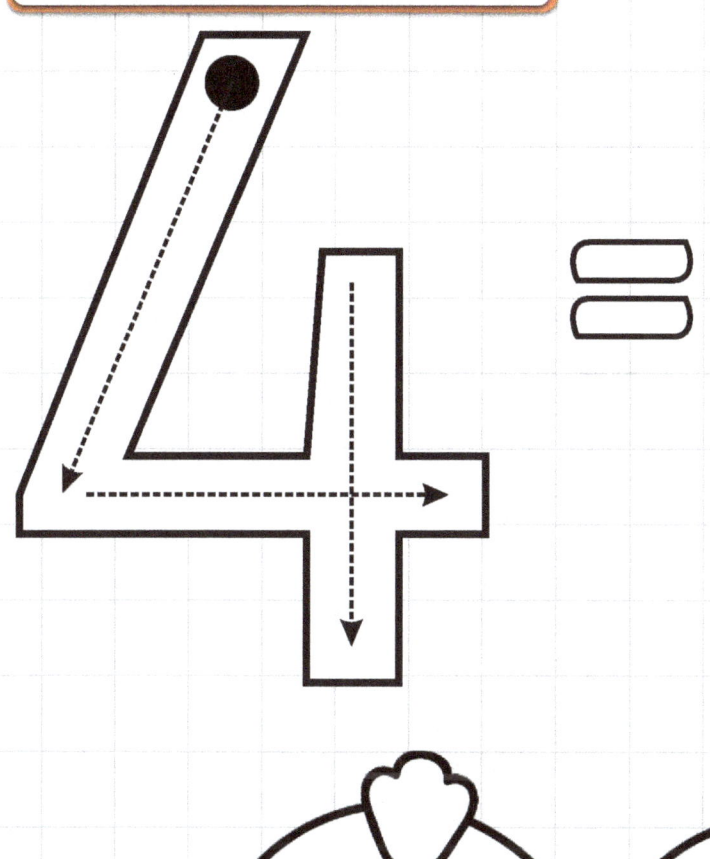

Número cuatro

Instrucciones: completa la plana remarcando el número cuatro con lápiz de color Rosa.

Instrucciones: completa la plana realizando el conteo con la regleta Rosa y remarca el número cuatro con lápiz de color rosa.

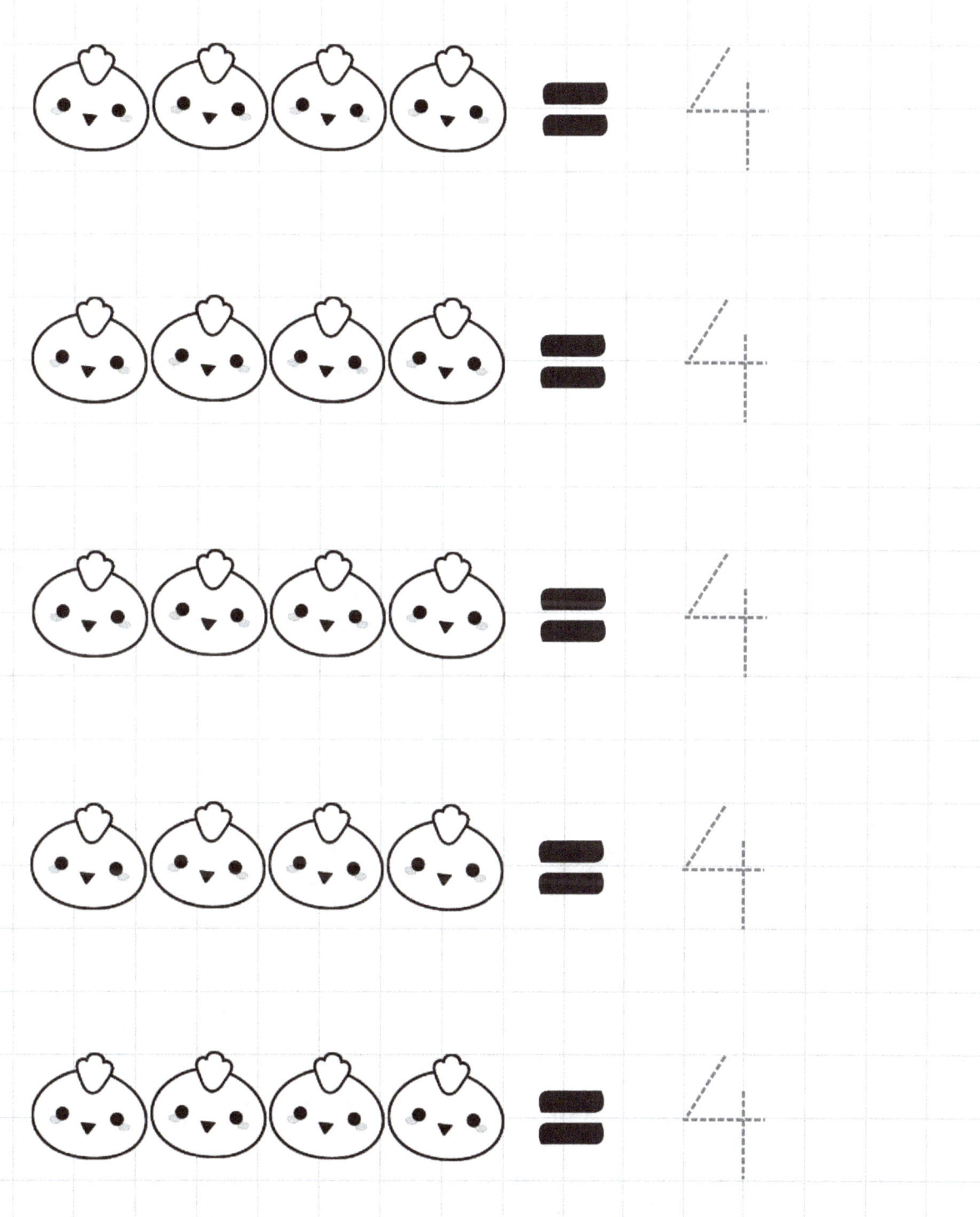

Instrucciones: completa la plana de la regleta Rosa y remarca el número cuatro con lápiz de color rosa.

$\square = 4$

$\square = 4$

$\square = 4$

$\square = 4$

$\square = 4$

Repaso de aprendizajes del número 1, 2, 3 y 4

Instrucciones: colorea las tortugas que te indica cada número.

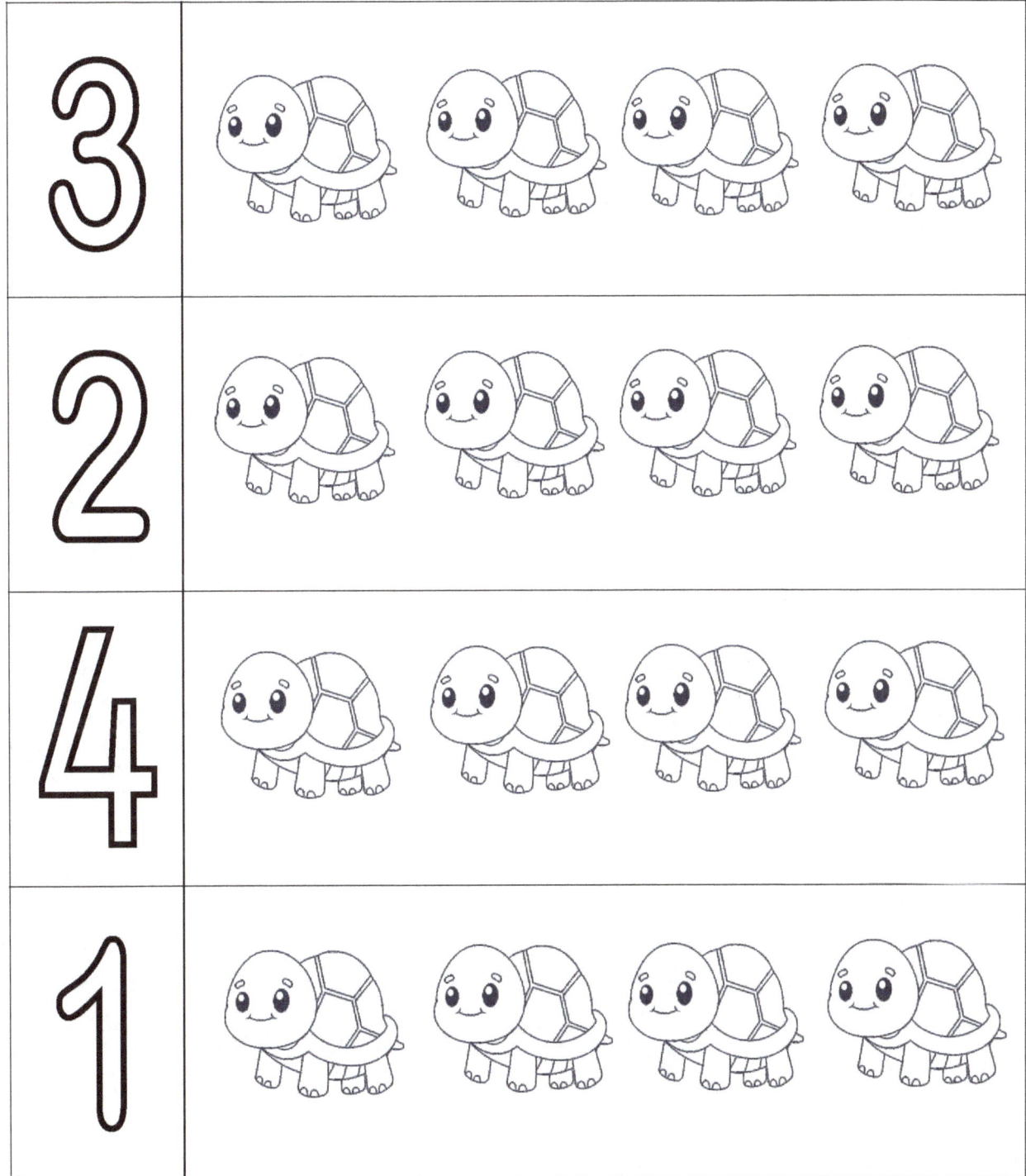

Repaso de aprendizajes de las regletas

Instrucciones: colorea los pájaros que te indica cada regleta.

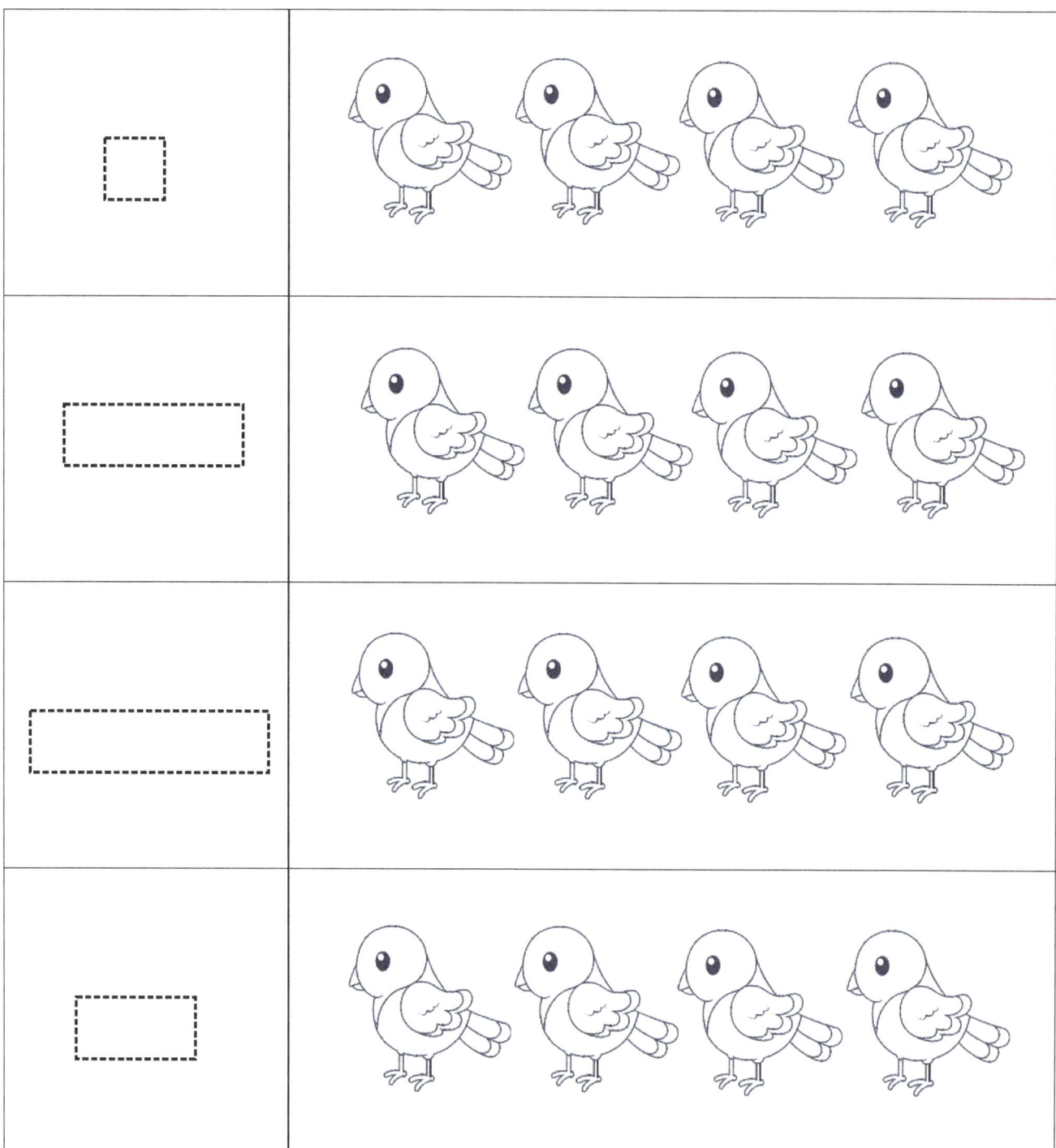

Número cinco

Regleta amarilla

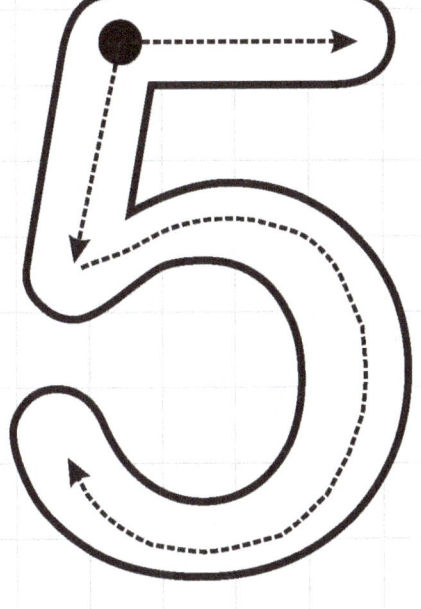

Instrucciones: completa la plana remarcando el número cinco con lápiz de color amarillo.

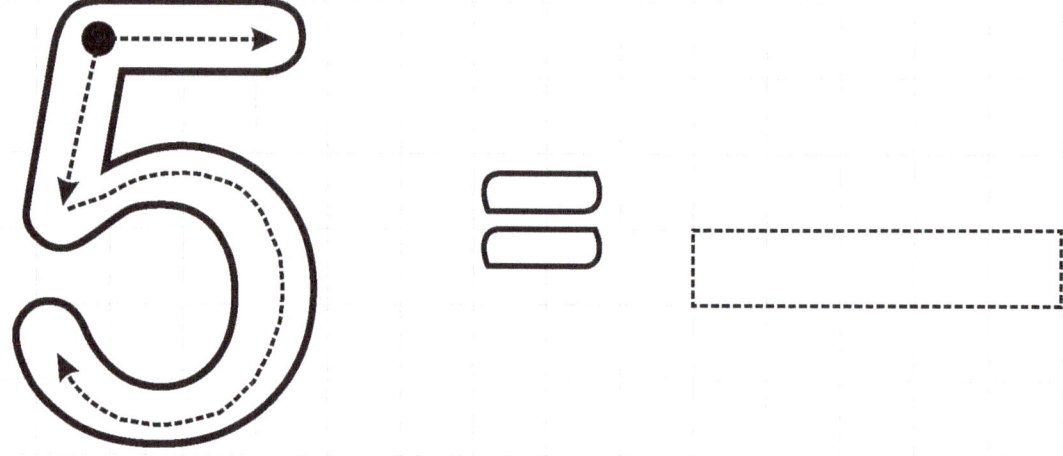

Conteo y número cinco

Instrucciones: completa la plana realizando el conteo con la regleta amarilla y remarca el número cinco con lápiz de color amarillo.

Instrucciones: completa la plana de la regleta amarilla y remarca el número cinco con lápiz de color amarillo.

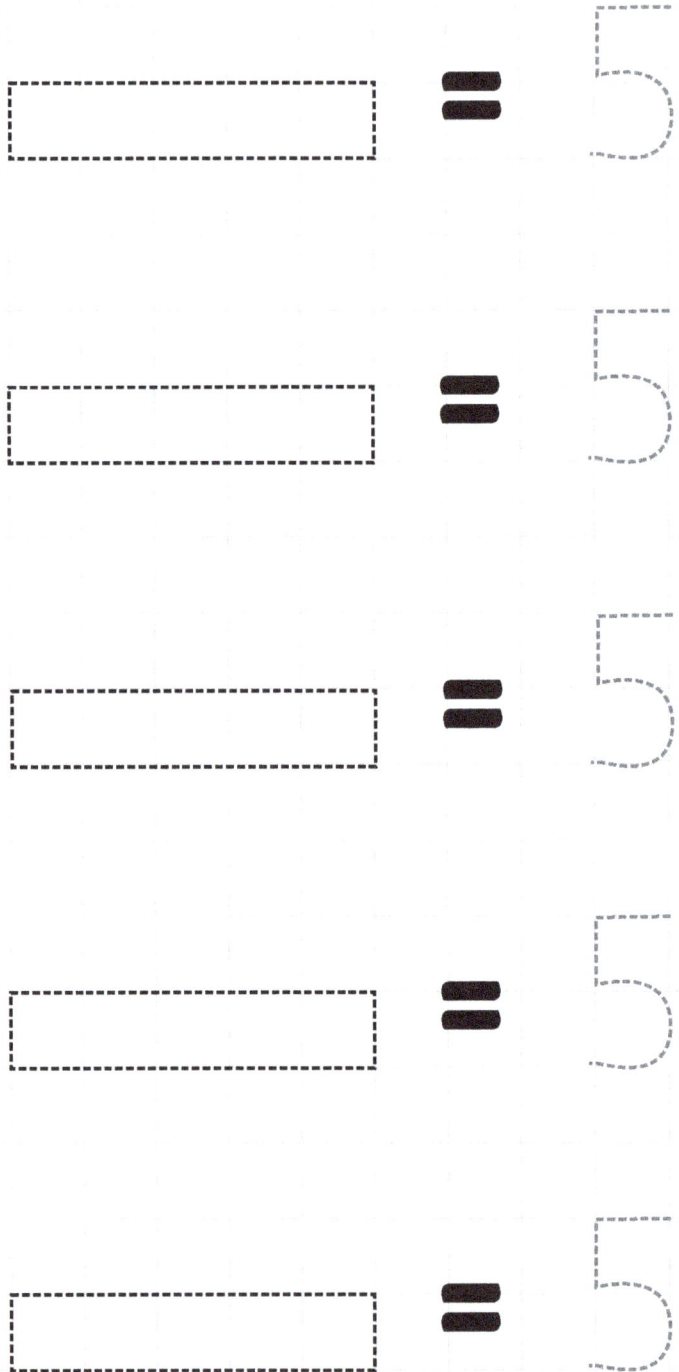

Repaso de aprendizajes de los números 2, 3, 4 y 5

Instrucciones: cuenta los animales en cada sección y escribe el resultado en el circulo, recuerda que cada número es representado por un color.

Resultado

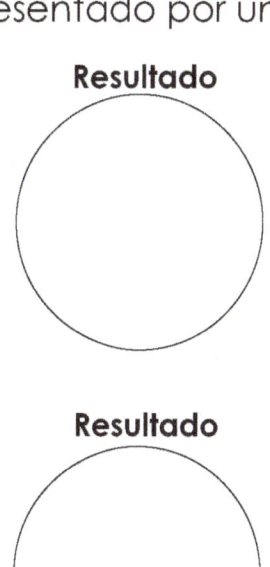

Resultado

Resultado

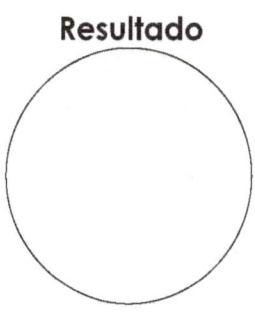

Resultado

Repaso de aprendizajes de las regletas

Instrucciones: arma las siguientes figuras utilizando las regletas blanca, roja, verde claro, Rosa y amarilla, acomodalas según corresponde el número que representan.

Número seis

Regleta Verde

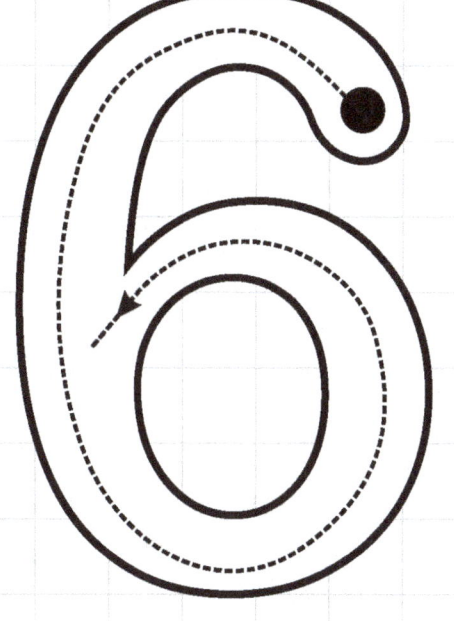 

Instrucciones: completa la plana remarcando el número seis con lápiz de color verde.

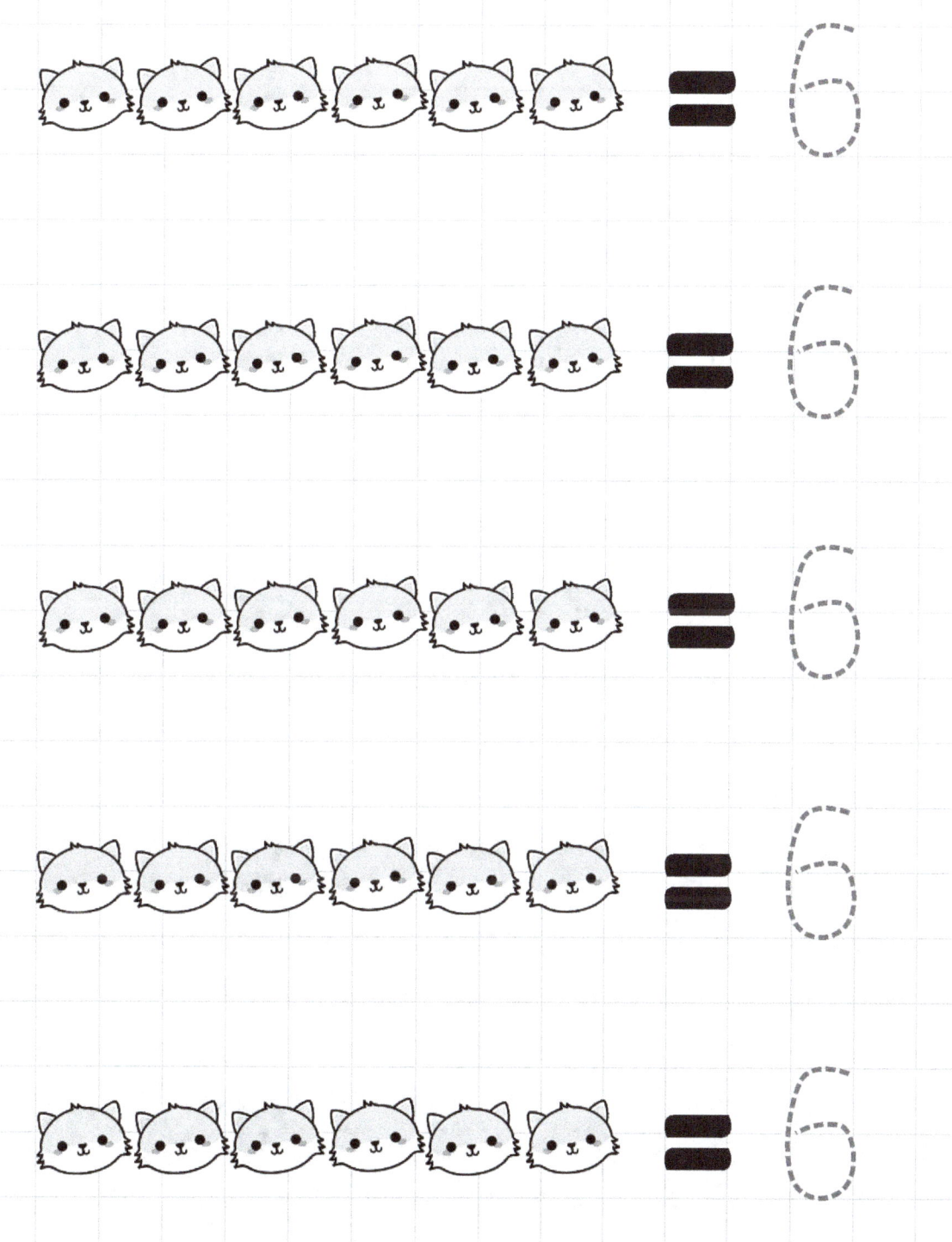

Instrucciones: completa la plana realizando el conteo con la regleta Verde y remarca el número seis con lápiz de color verde.

Instrucciones: completa la siguiente plana de la regleta Verde y remarca el número seis con lápiz de color verde.

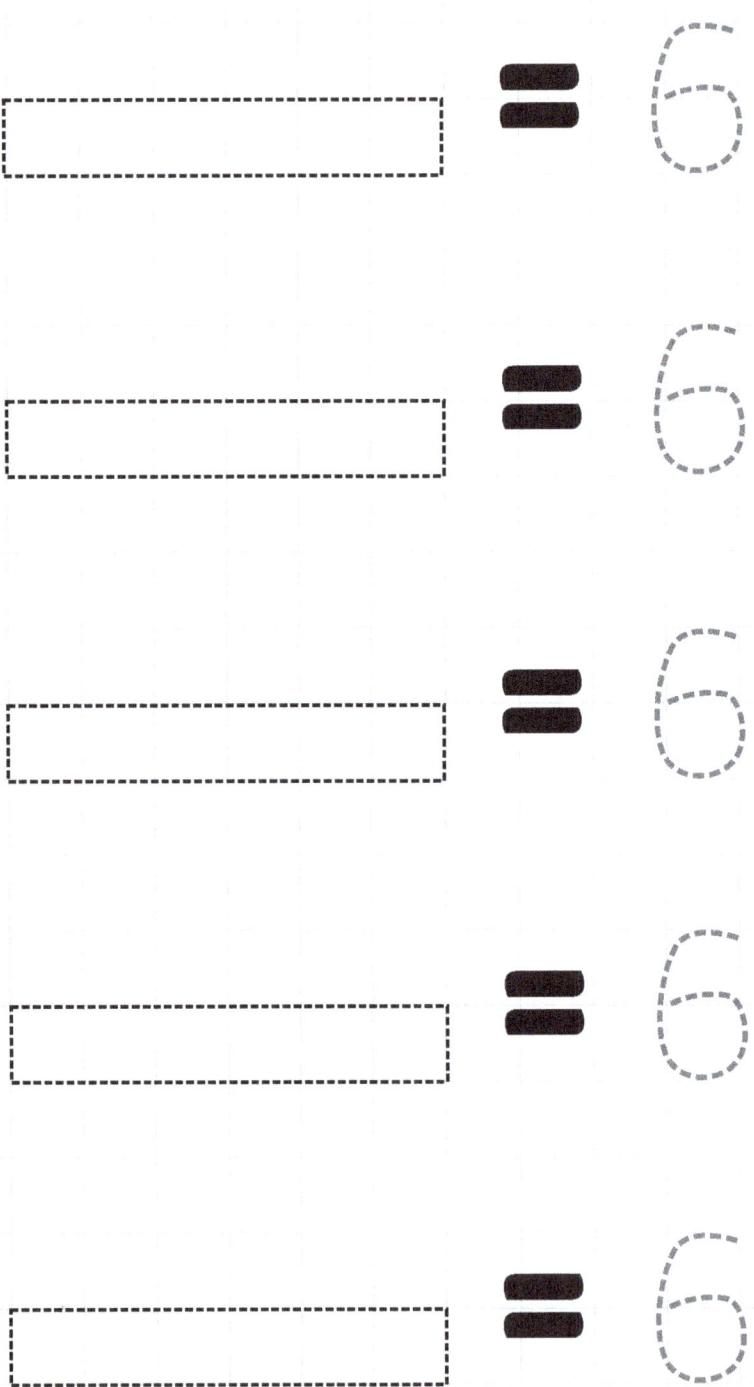

Repaso de aprendizajes de números y regletas

Instrucciones: completa los dos gusanos del número seis: el primer gusano se forma con números naturales y el segundo gusano se forma con regletas.

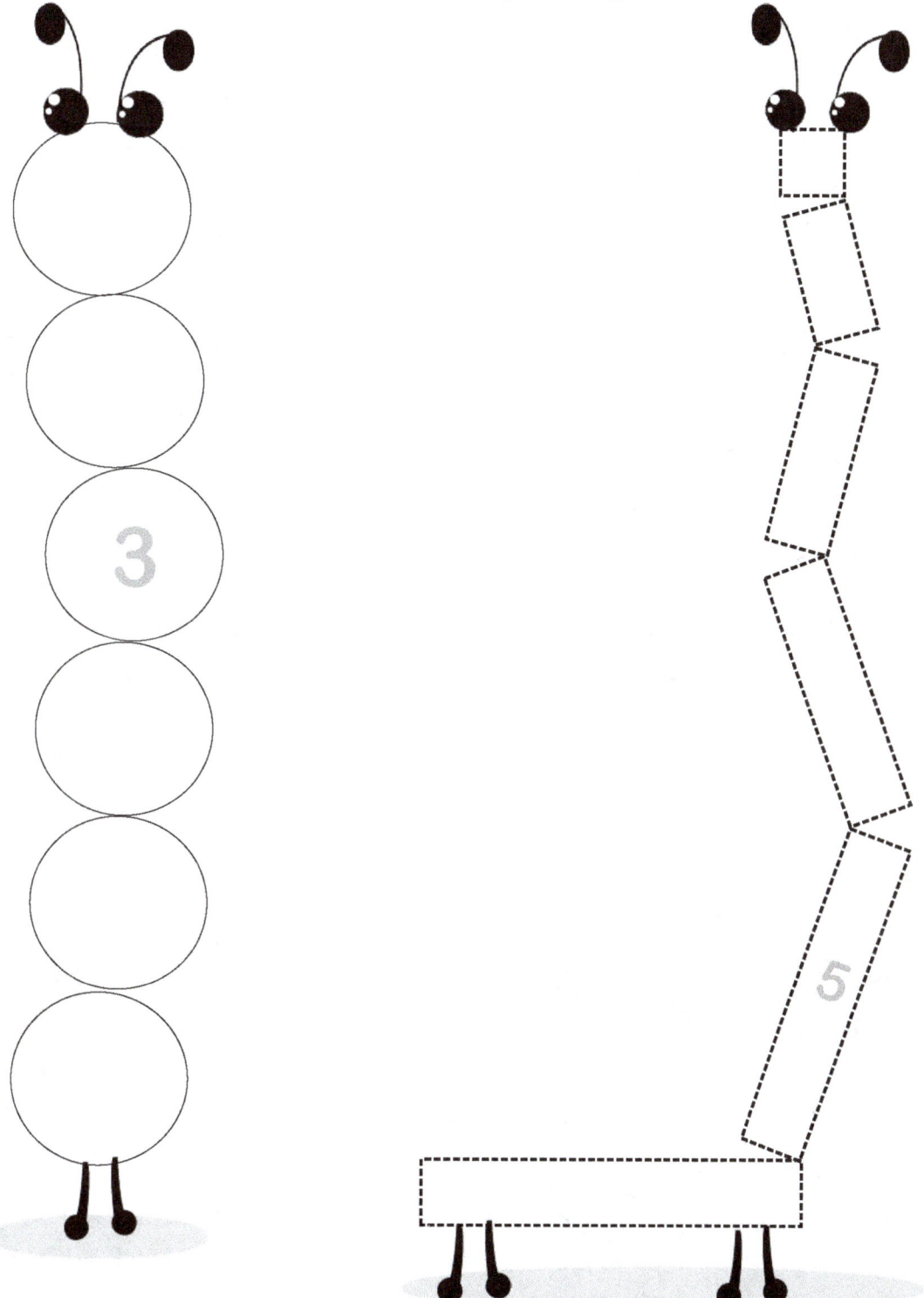

¿Cuántos hay?

Repaso de aprendizajes de números y regletas

Instrucciones: cuenta cuántas caritas hay en cada circulo, después, ingresa el resultado colocando la regleta que corresponde, sigue el ejemplo.

Ejemplo

Número siete

Regleta negra

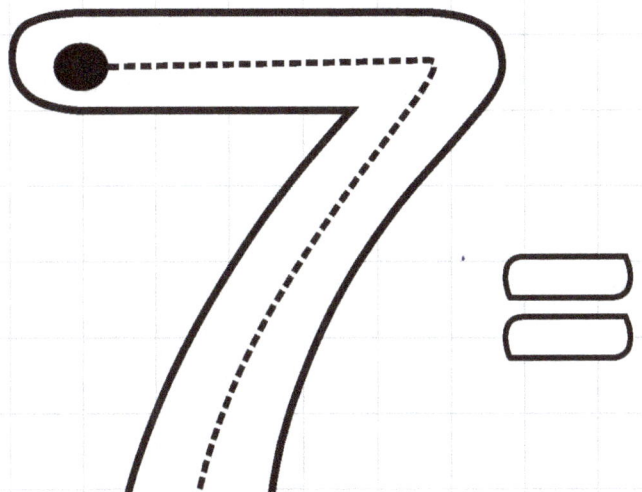

$=$

Número siete

Instrucciones: completa la plana remarcando el número siete con lápiz de color negro.

Instrucciones: completa la plana realizando el conteo con la regleta negra y remarca el número siete con lápiz de color negro.

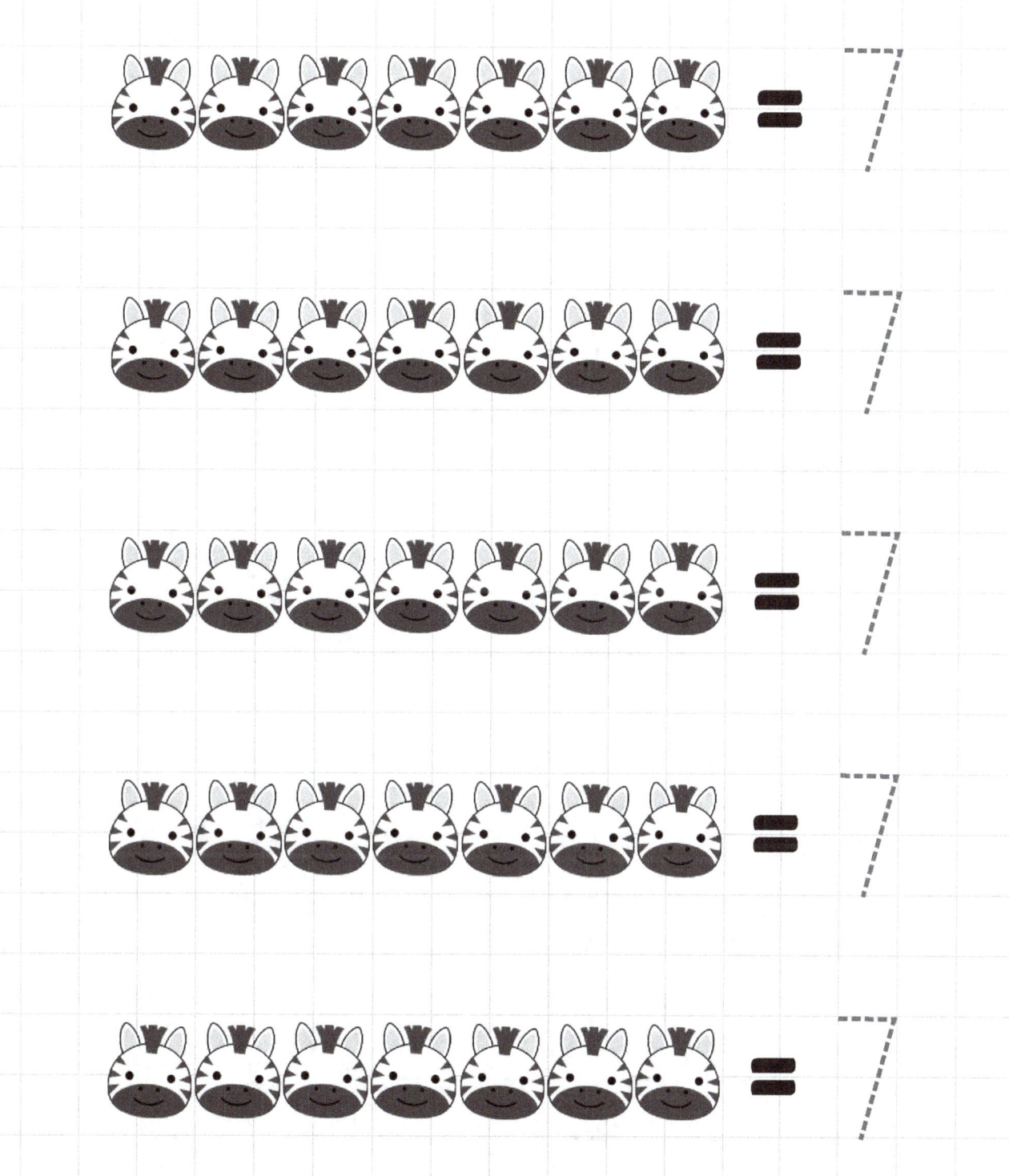

Instrucciones: completa la plana de la regleta negra y remarca el número siete con lápiz de color negro.

$$= 7$$

$$= 7$$

$$= 7$$

$$= 7$$

$$= 7$$

Repaso de aprendizajes de los números 1, 2, 3, 4, 5, 6 y 7

Instrucciones: colorea los números de la siguiente tabla según representan su color en las regletas.

7	5	3	2	1	3
4	2	1	3	7	5
3	5	7	2	7	1
7	4	1	7	2	5
2	5	4	2	3	7

Instrucciones: observa con atención la tabla de los números y responde la siguiente pregunta.

¿De los números del 1 al 7, cuál es el número que hace falta en la tabla?

_____

Repaso de aprendizajes del número 7

Instrucciones: encuentra las siete cebras perdidas, después, encierra cada una de ellas en un circulo utilizando lápiz de color negro.

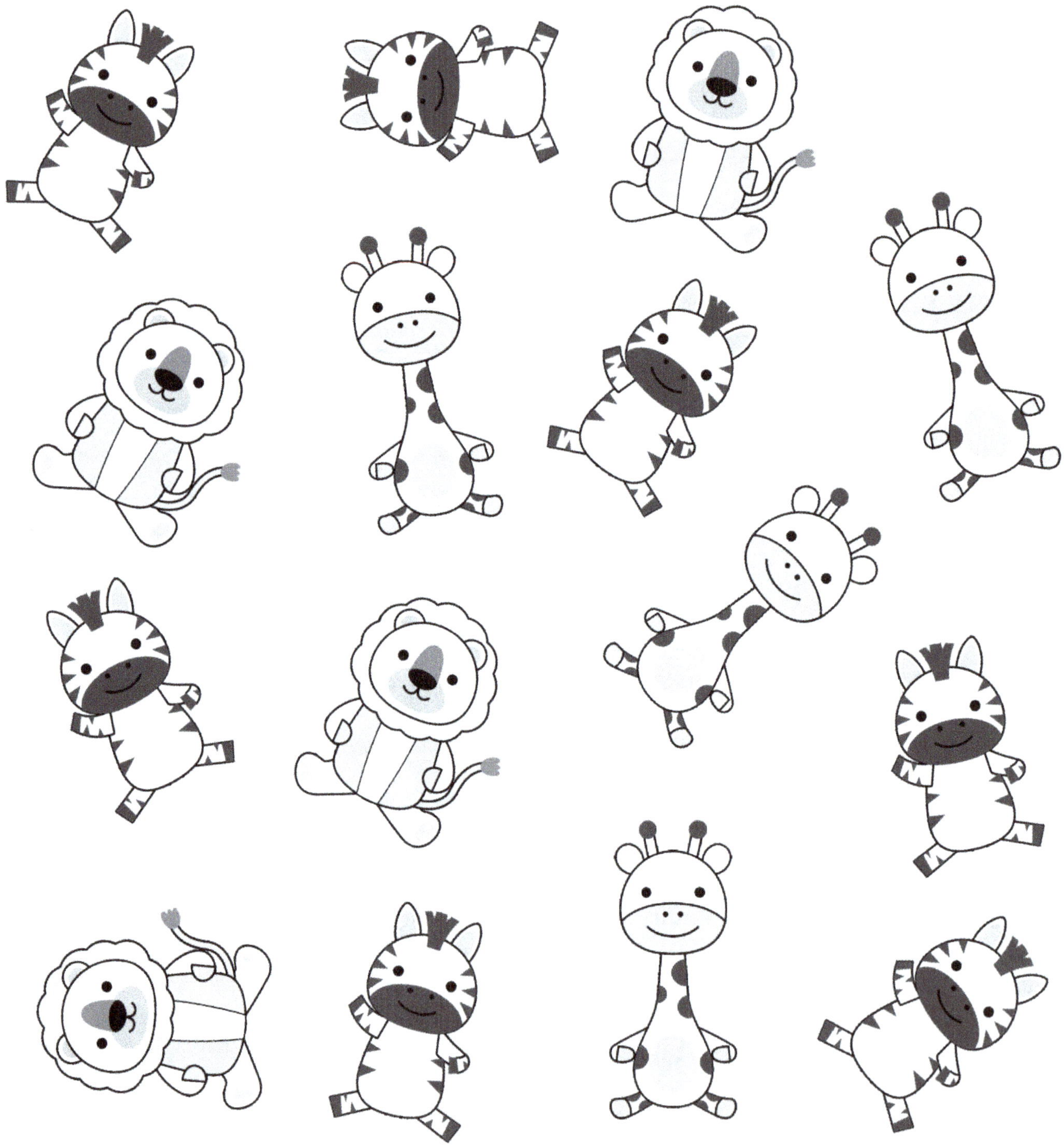

Número ocho

Regleta café

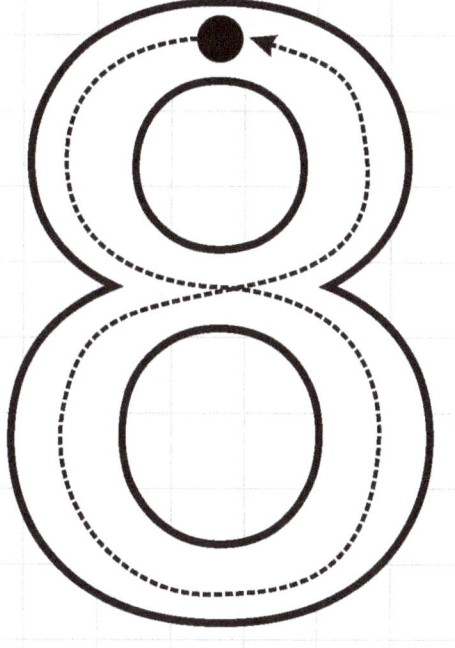 $=$

Número ocho

Instrucciones: completa la plana remarcando el número ocho con lápiz de color café.

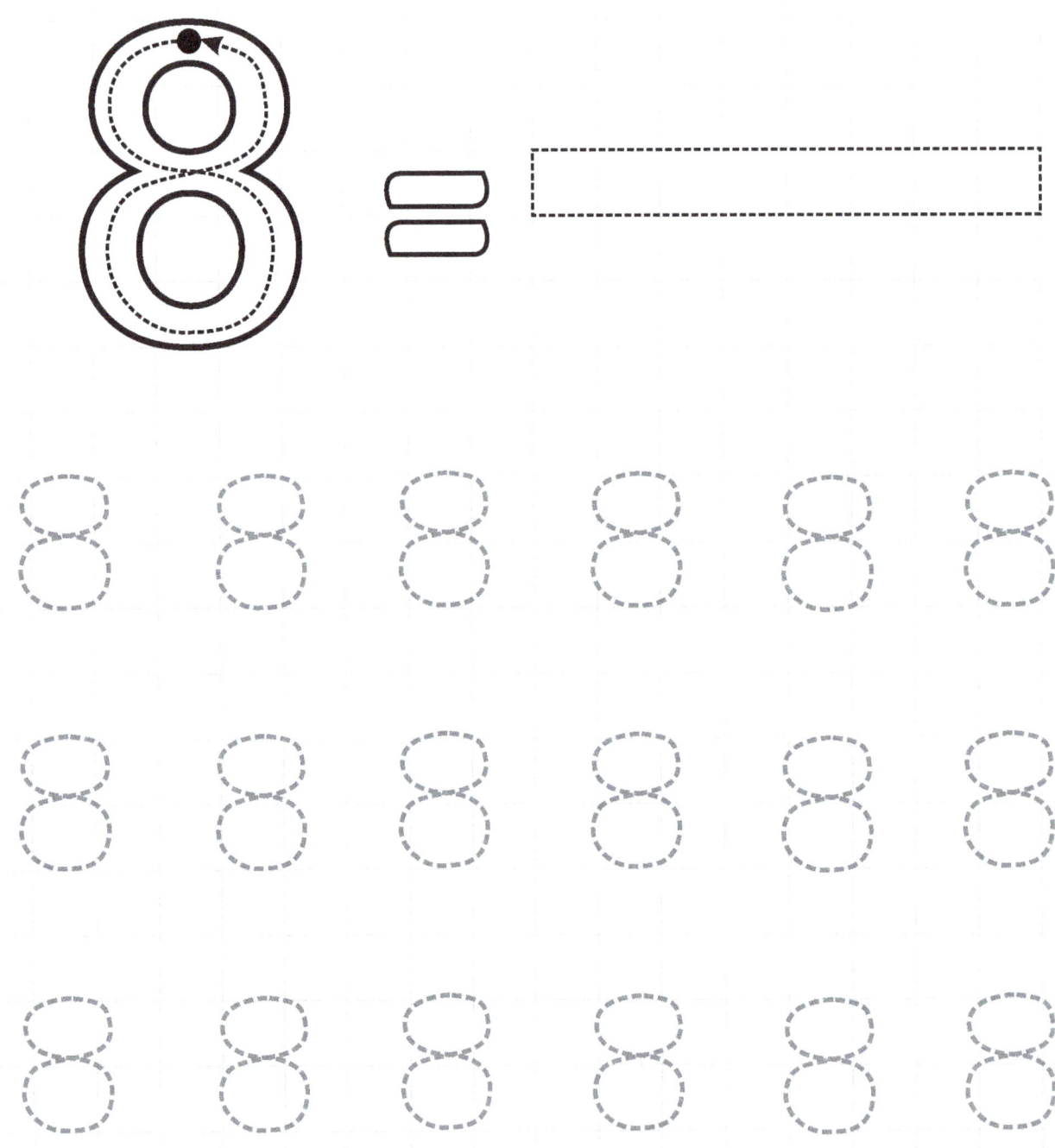

Conteo y número ocho

Instrucciones: completa la plana realizando el conteo con la regleta café y remarca el número ocho con lápiz de color café.

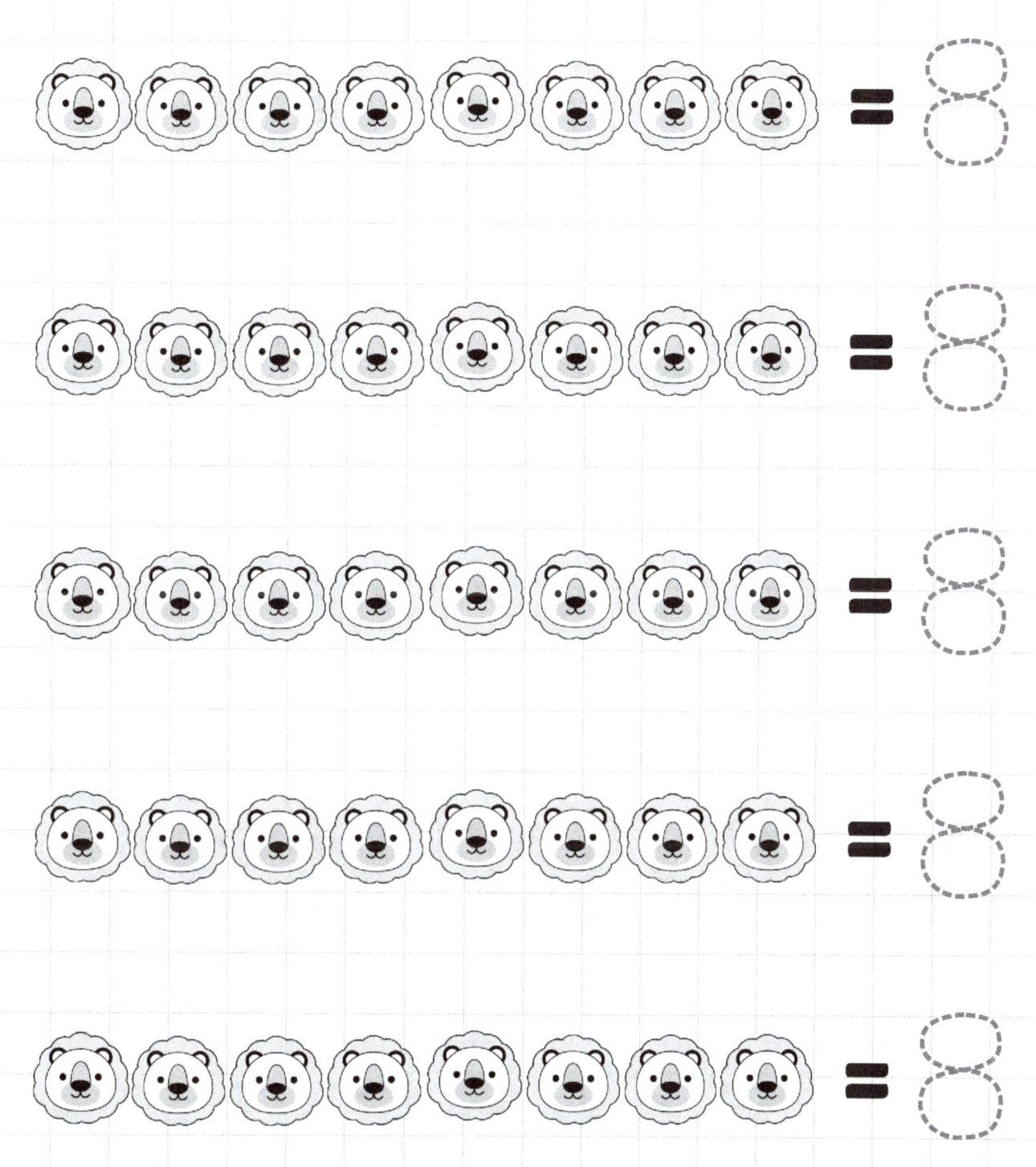

Regleta café & número ocho

Instrucciones: completa la plana de la regleta café y remarca el número ocho con lápiz de color café.

= 8

= 8

= 8

= 8

= 8

¿Dónde van?

Repaso de aprendizajes de las regletas

Instrucciones: coloca las regletas donde corresponden.

4

2

3

5

7

1

8

6

¡Vamos a colorear!

Repaso de aprendizajes de números y regletas

Instrucciones: colorea la siguiente imagen de acuerdo al número y color que representan las regletas.

Número nueve

Regleta Azul

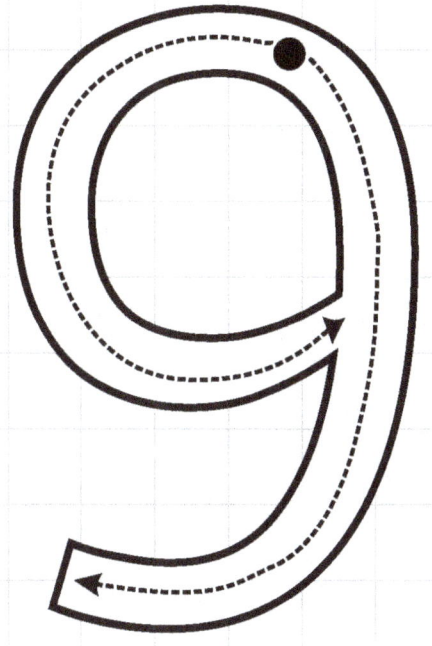

Número nueve

Instrucciones: completa la plana remarcando el número nueve con lápiz de color azul.

Instrucciones: completa la plana realizando el conteo con la regleta Azul y remarca el número nueve con lápiz de color azul.

Matemáticas de Colores

Regleta Azul & número nueve

Instrucciones: completa la plana de la regleta Azul y remarca el número nueve con lápiz de color azul.

= 9

= 9

= 9

= 9

= 9

¡Forma figuras!

Repaso de aprendizajes de las regletas

Instrucciones: forma el siguiente pino utilizando regletas.

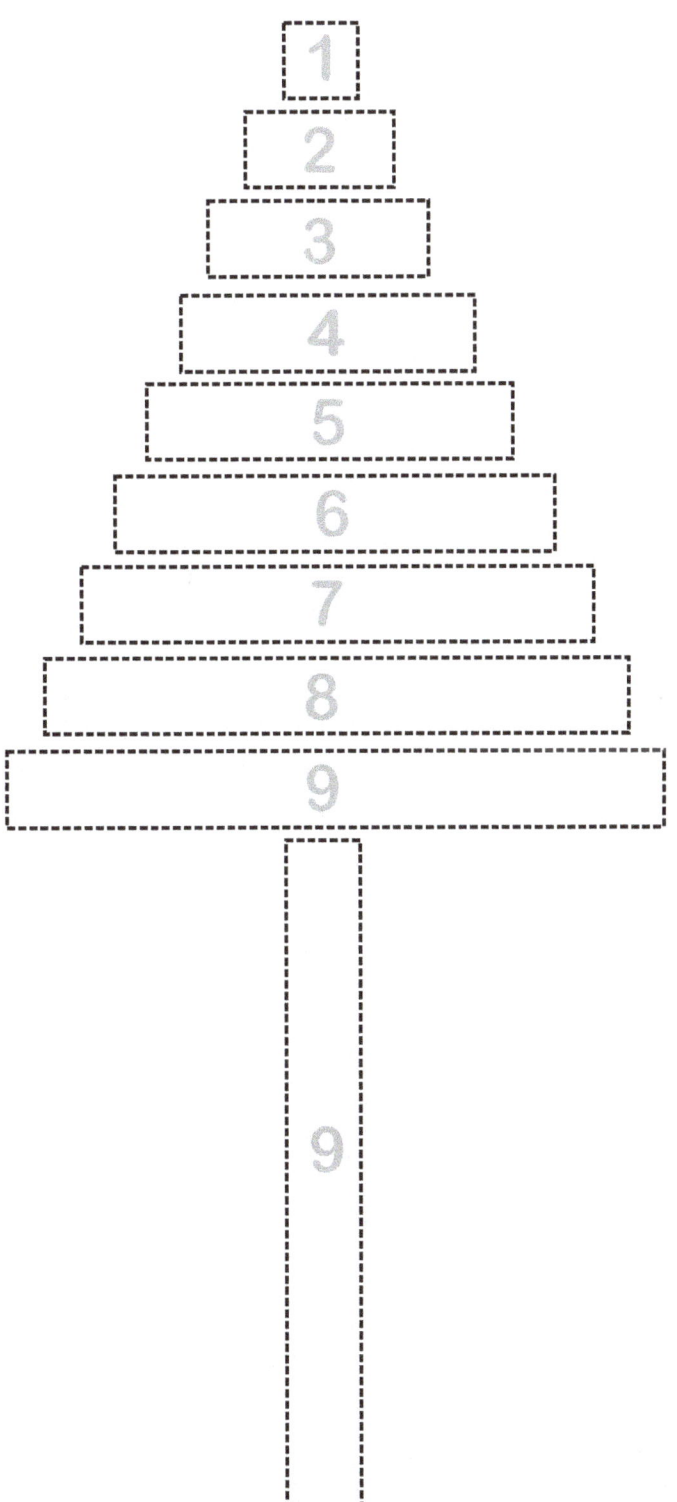

Secuencia de números

Repaso de aprendizajes de los números

Instrucciones: sigue las pistas para completar los gusanos de los números naturales.

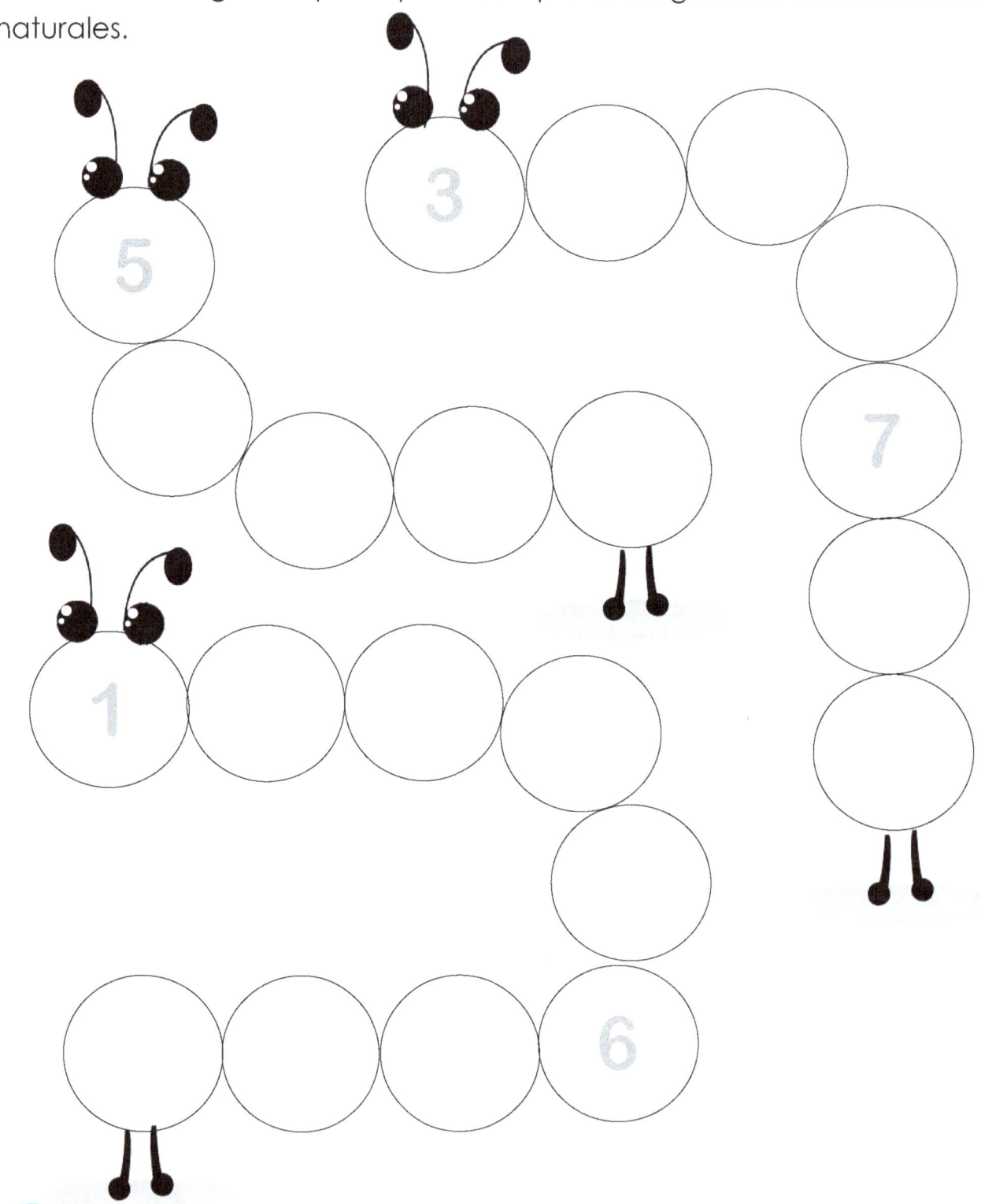

Repaso de aprendizaje de las regletas

Instrucciones: sigue las pistas para completar el gusano del número nueve con regletas.

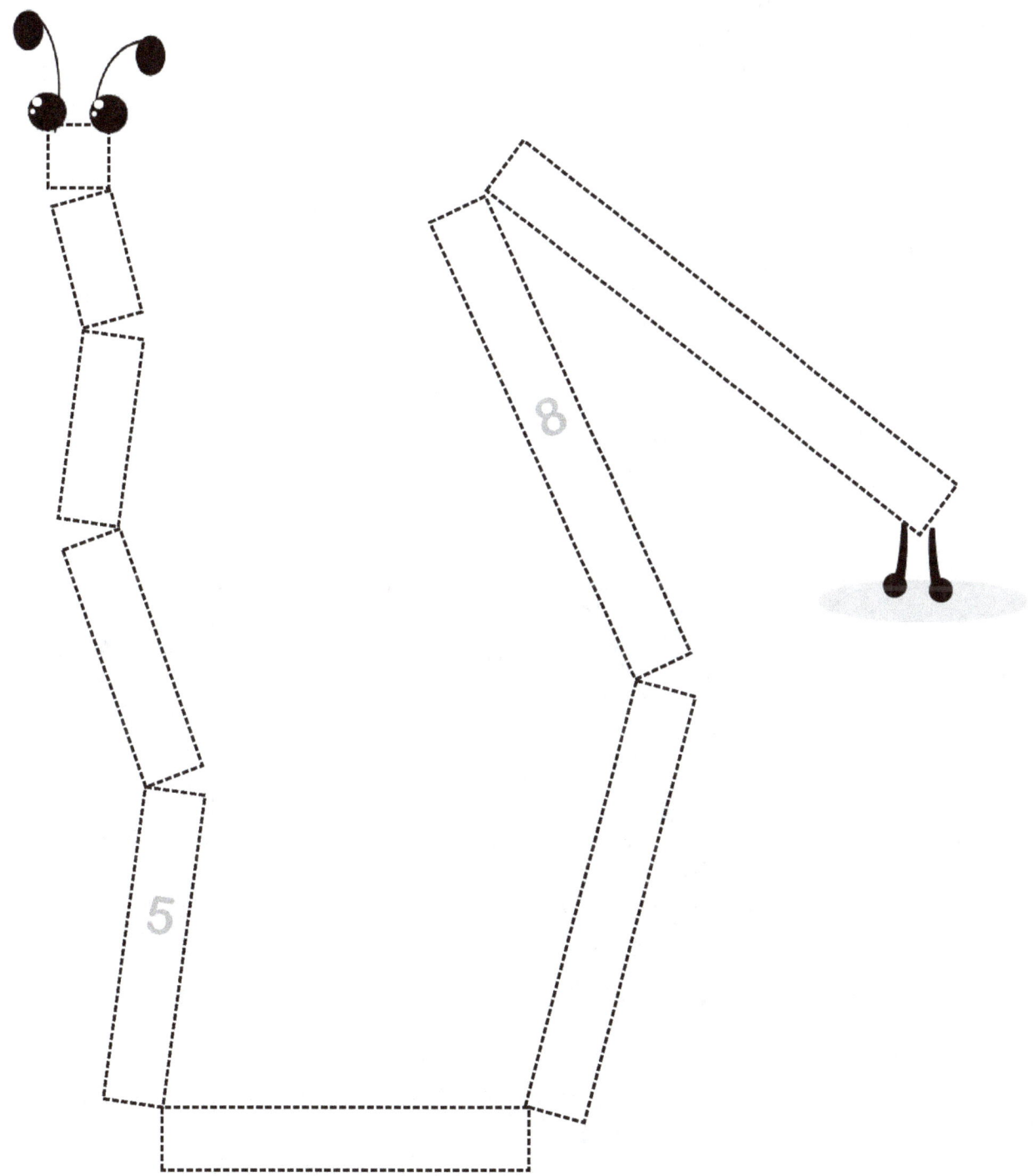

Número diez

Regleta Naranja

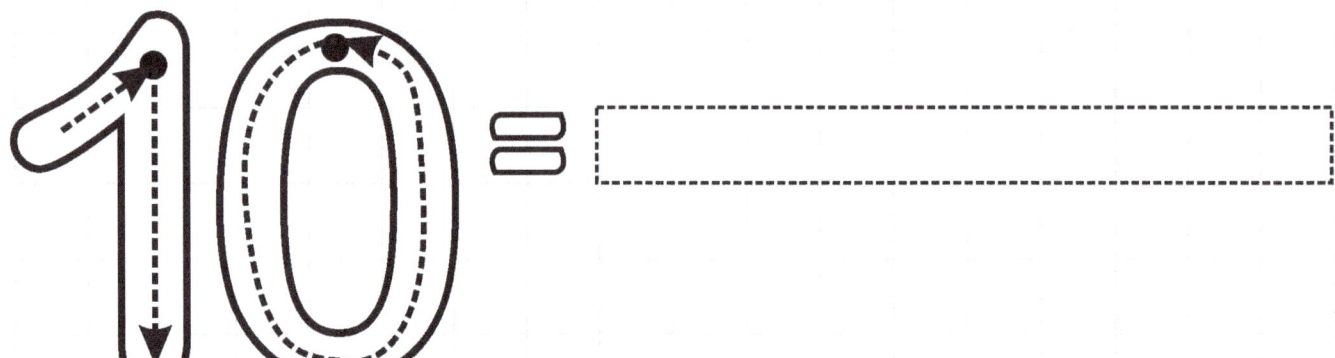

Número diez

Instrucciones: completa la plana remarcando el número diez con lápiz de color naranja.

Conteo y número diez

Instrucciones: completa la plana remarcando el número diez con lápiz de color naranja.

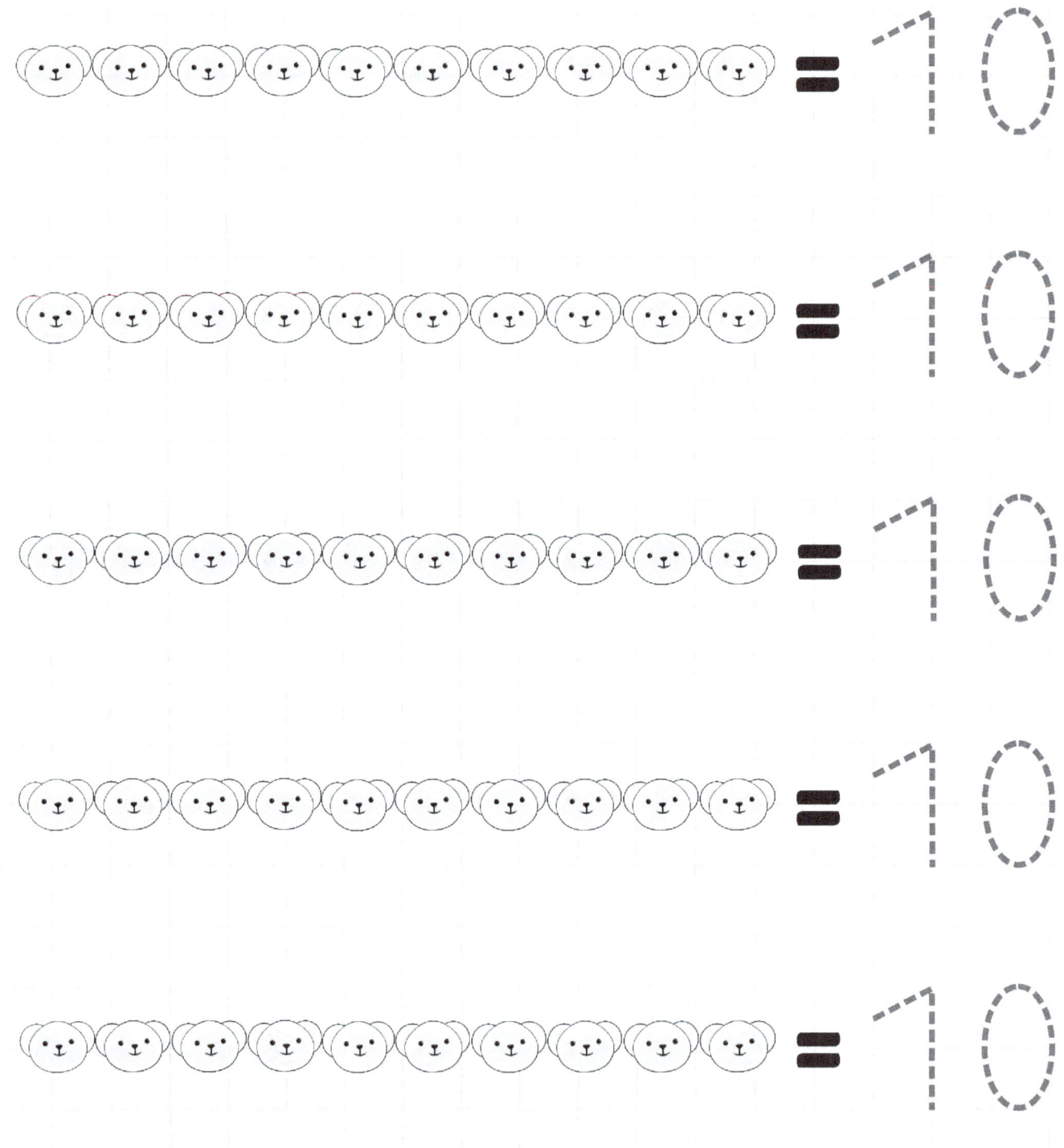

Regleta Naranja & número diez

Instrucciones: completa la plana de la regleta Naranja y remarca el número diez con lápiz de color naranja.

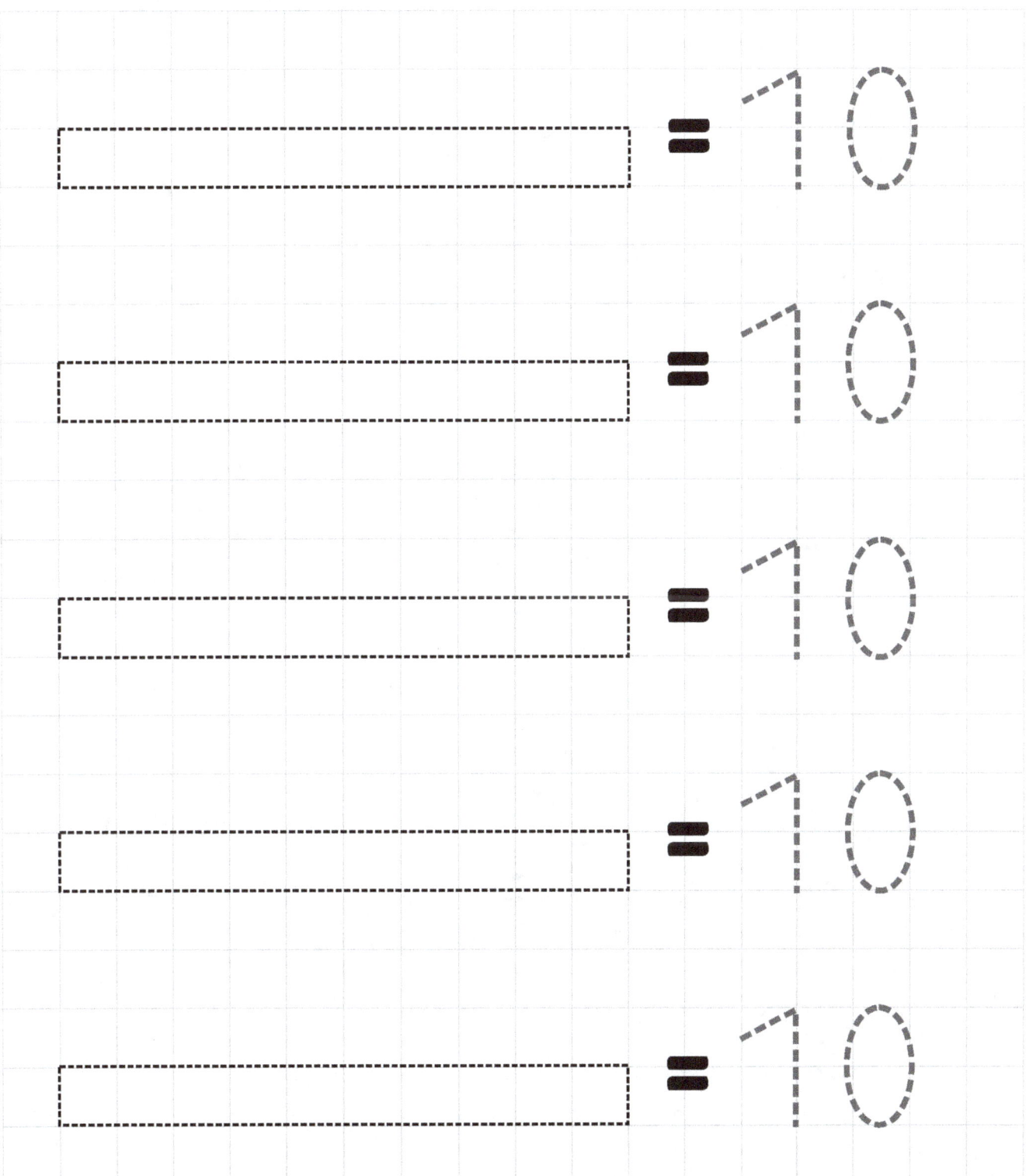

Repaso de aprendizajes de números y regletas

Instrucciones: colorea los números según corresponde el color que representan en las regletas.

2 10 7

4 8 5

3 6 9

1

Repaso de aprendizajes de números y regletas

Instrucciones: completa la siguiente plana del número 5 al número 10, utilizando lapices de los colores que representan las regletas.

5				
6				
7				
8				
9				
10				

¡Vamos a colorear!

Repaso de aprendizajes de números y regletas

Instrucciones: colorea la siguientes imágenes de acuerdo al número y color que representan las regletas.

Repaso de aprendizajes de números y regletas

Instrucciones: forma la siguiente imagen utilizando regletas.

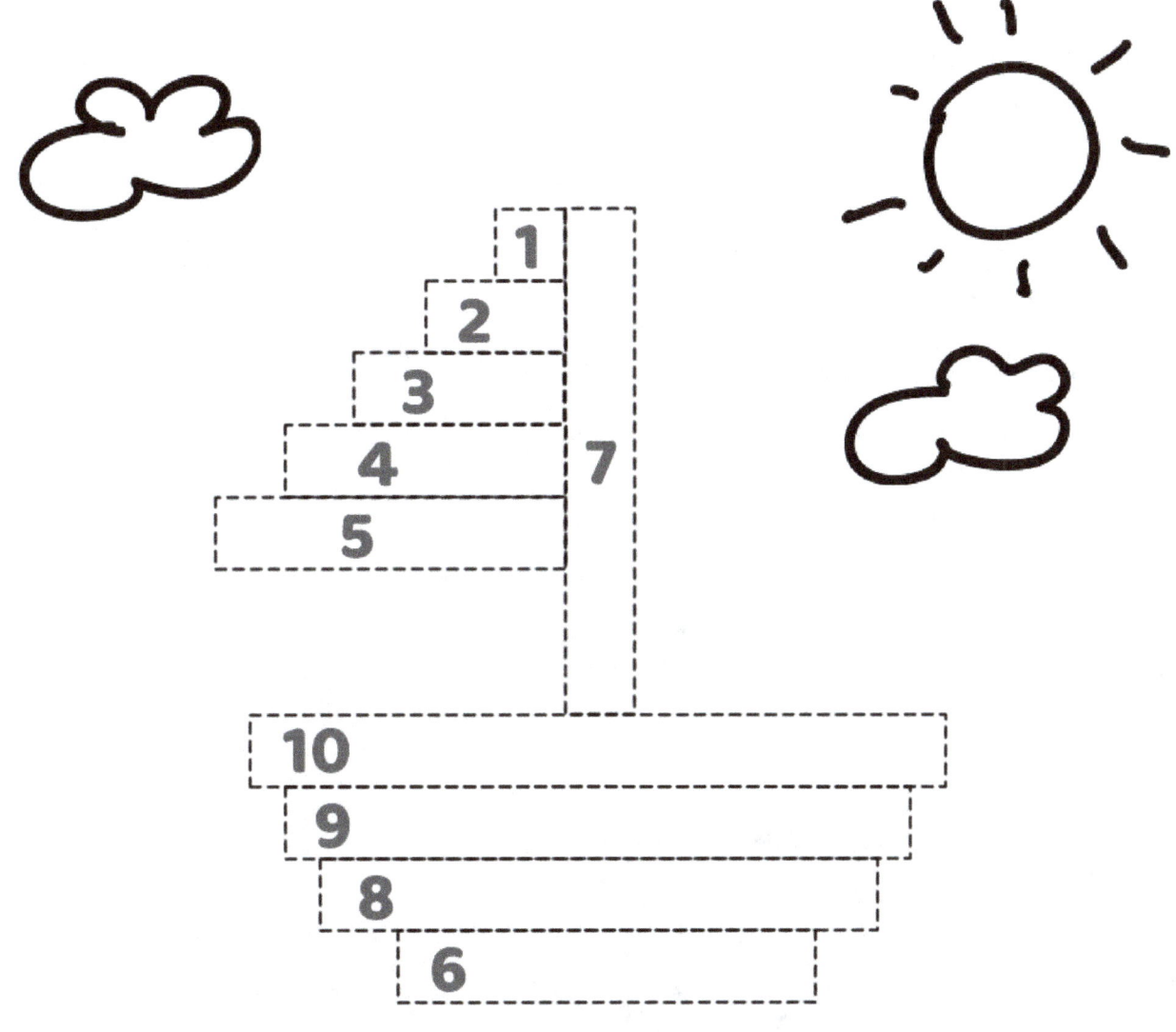

¡Formar figuras!

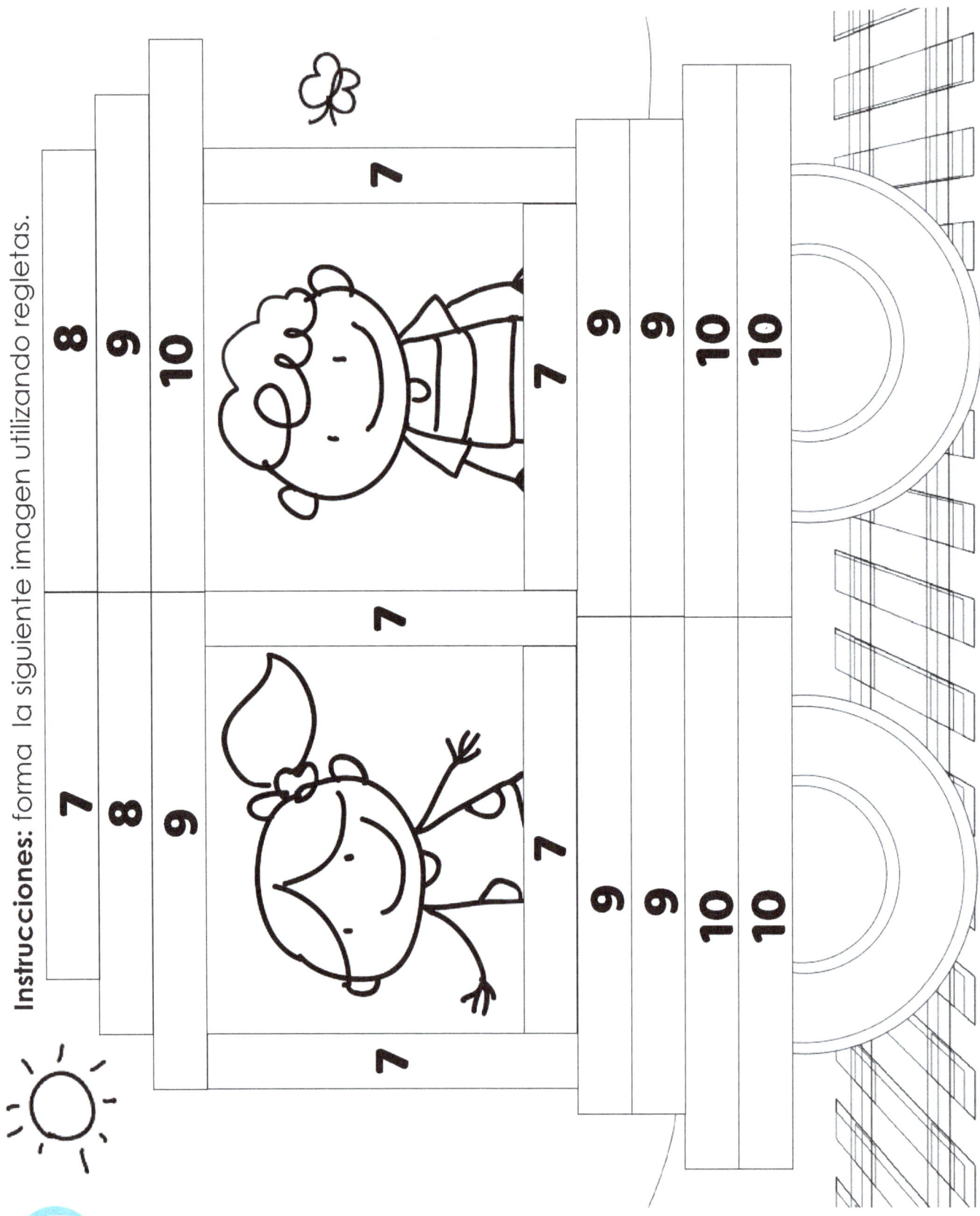

Instrucciones: forma la siguiente imagen utilizando regletas.

Actividades para recortar

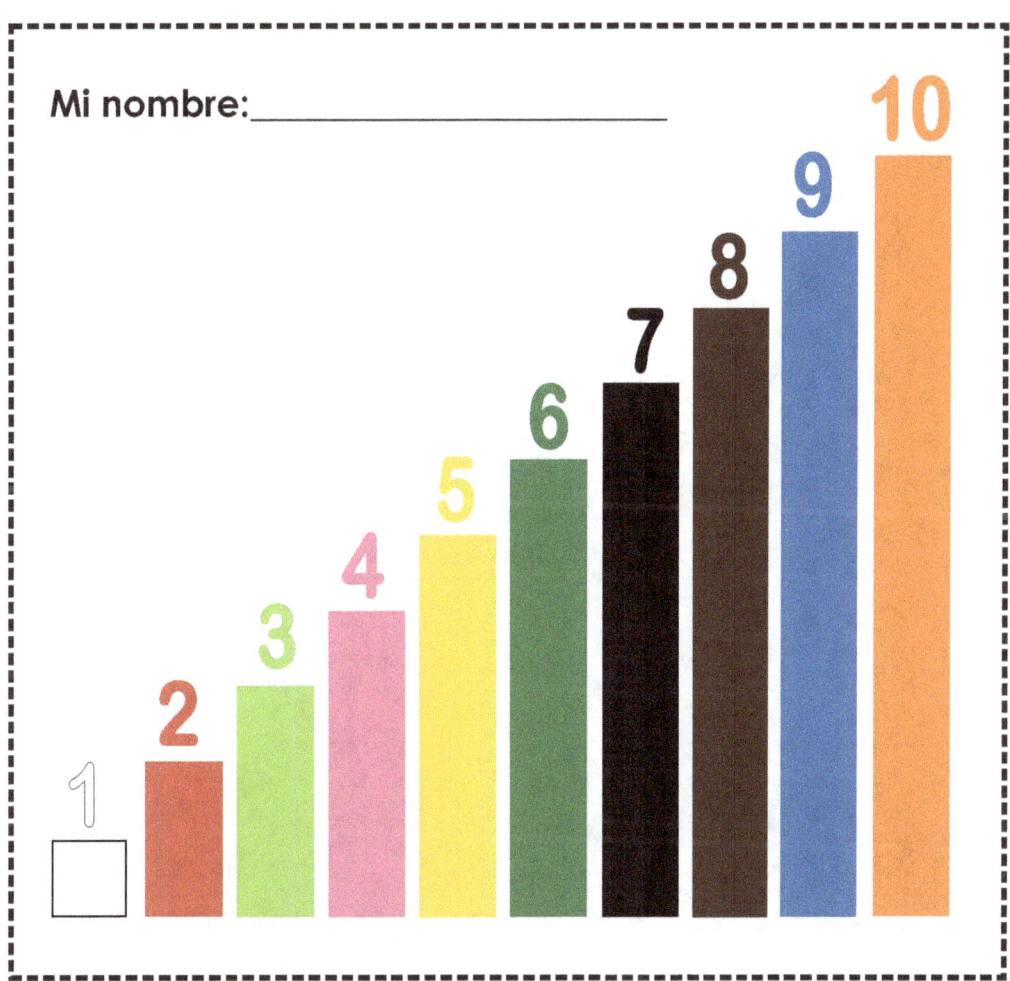

Mi nombre:_____

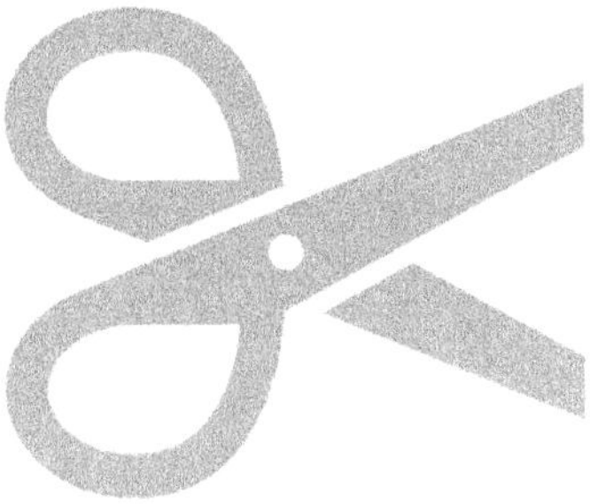
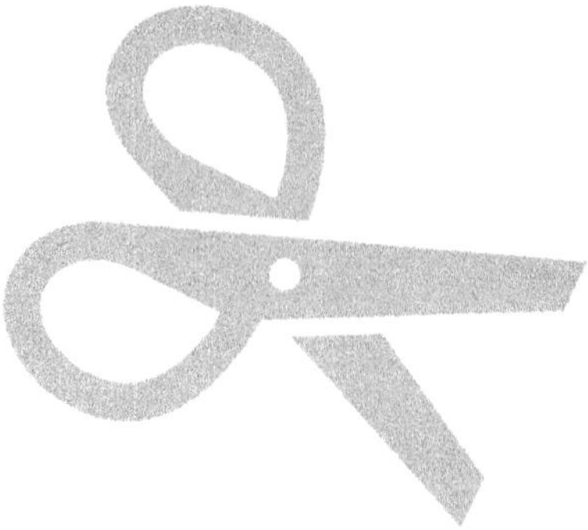
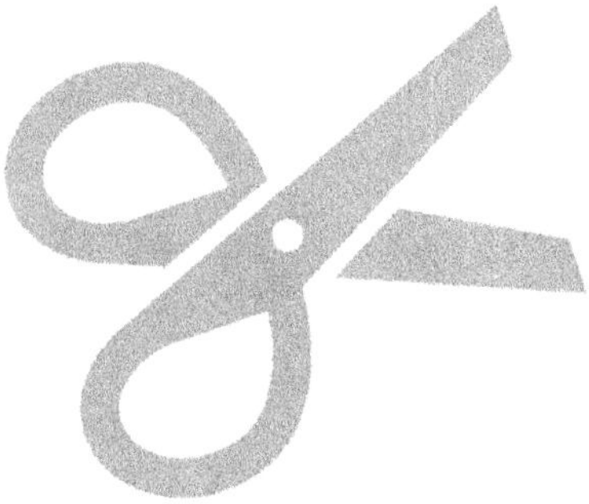
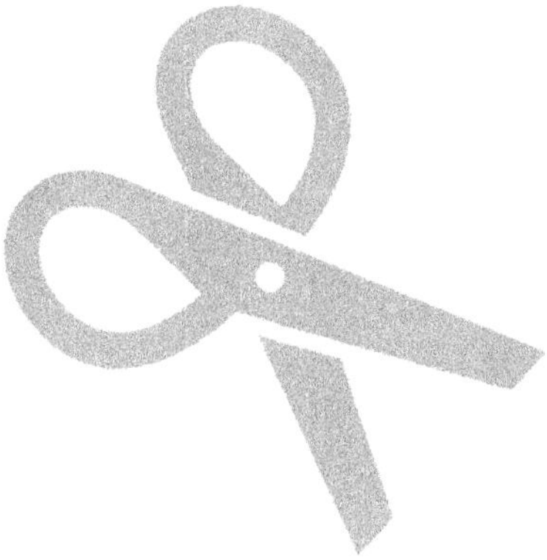
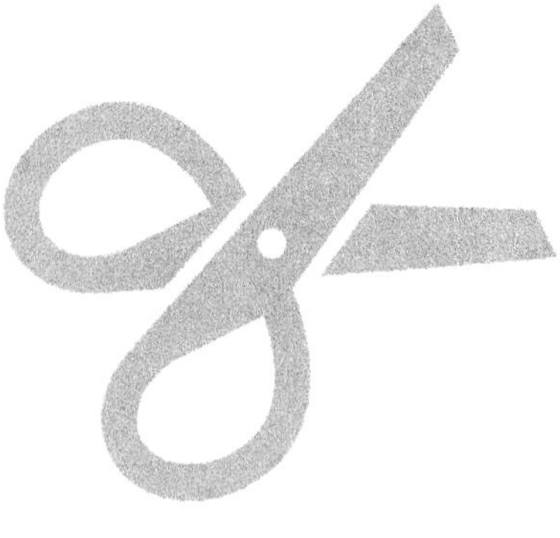
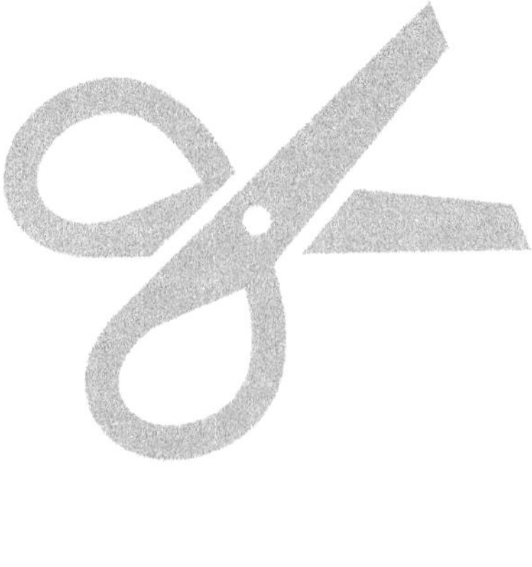

Matemáticas de Colores

Actividades para recortar

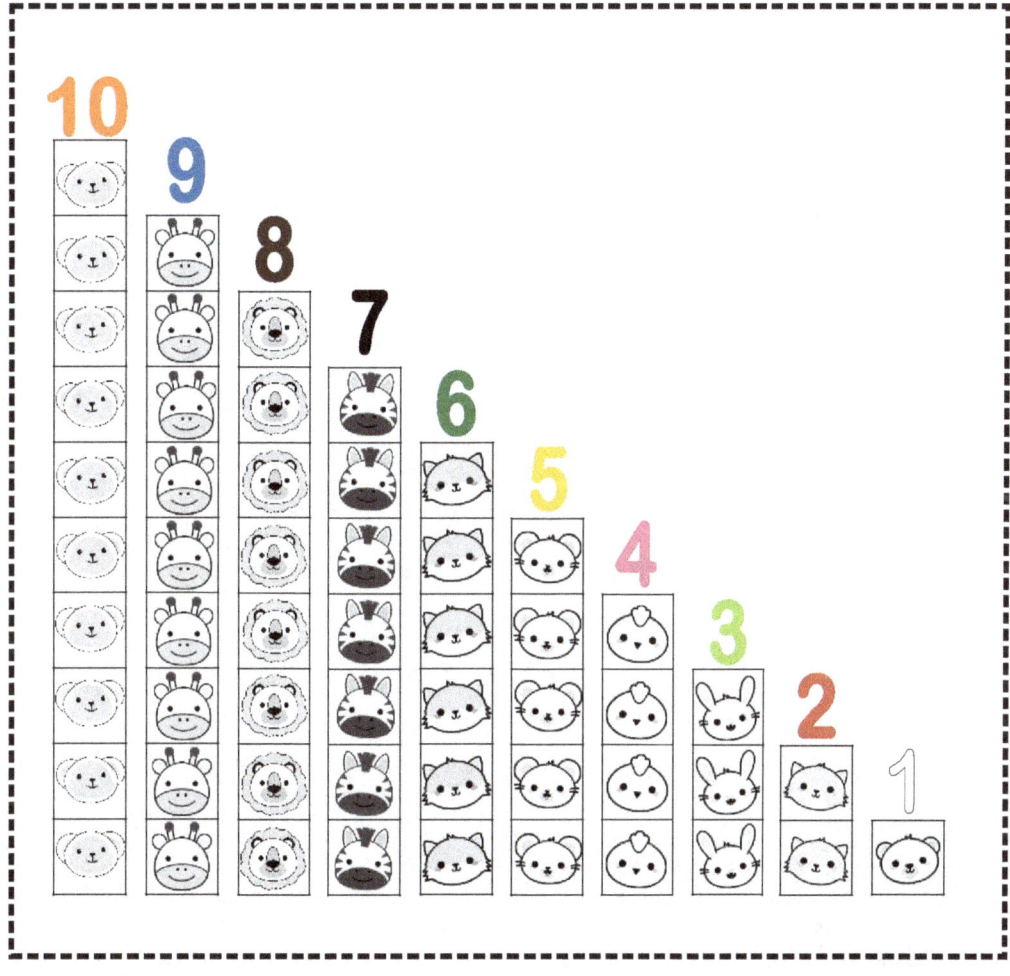

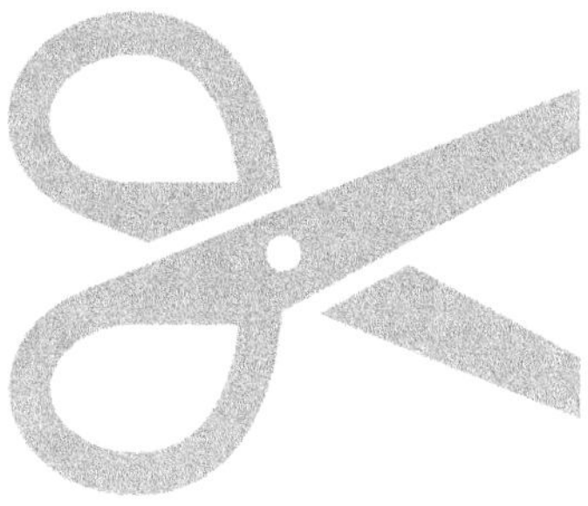
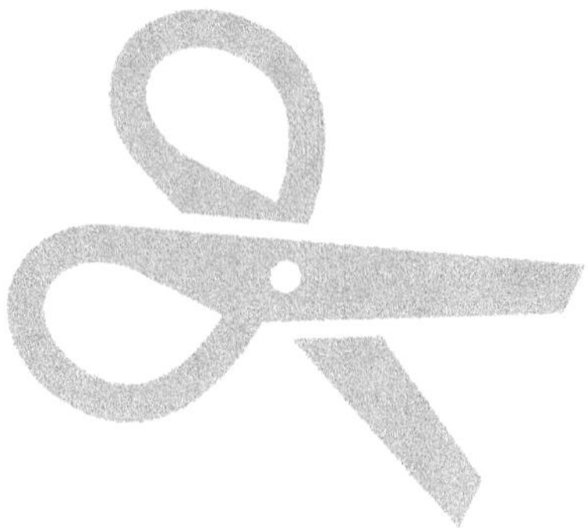
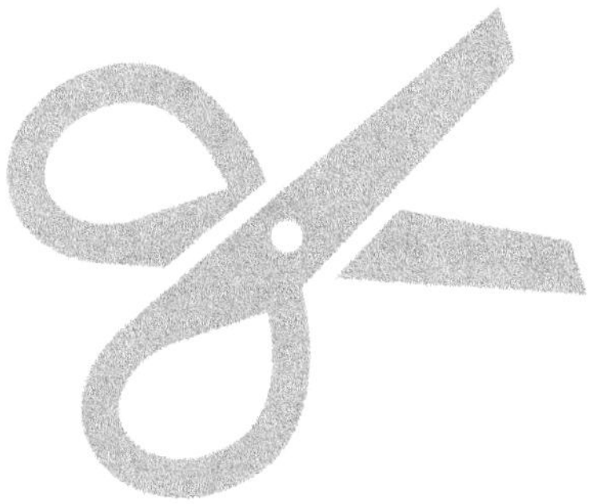
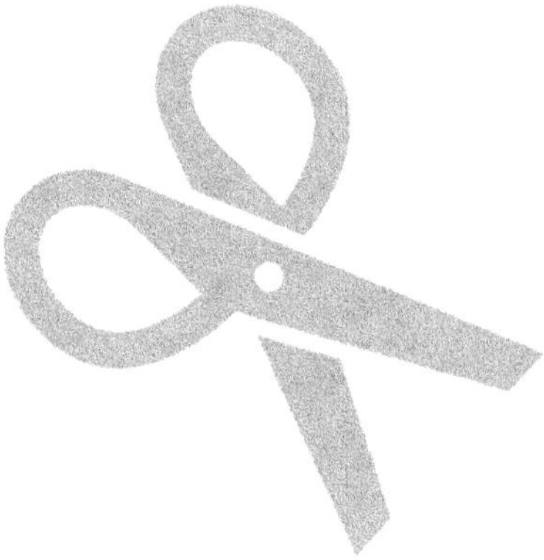
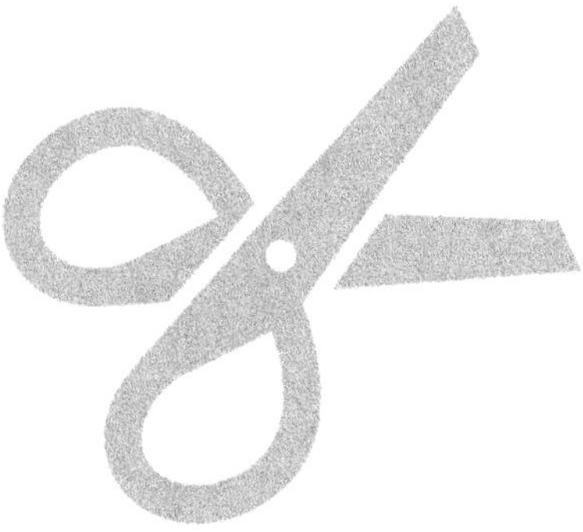
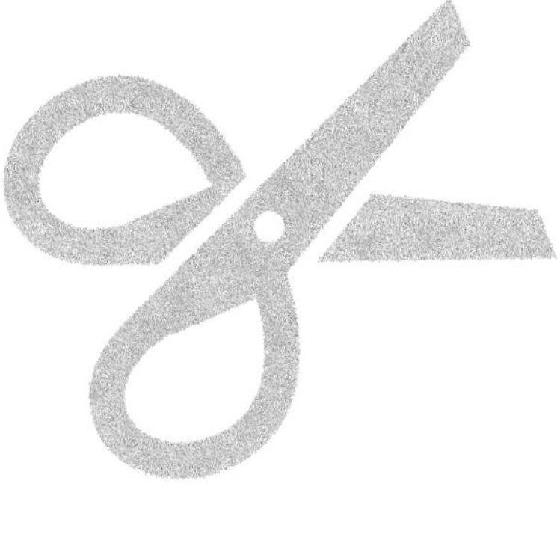

Memorama para recortar

Tutoriales Aprende en un Click

Tutoriales Aprende en un Click

Tutoriales Aprende en un Click

Tutoriales Aprende en un Click

10

9

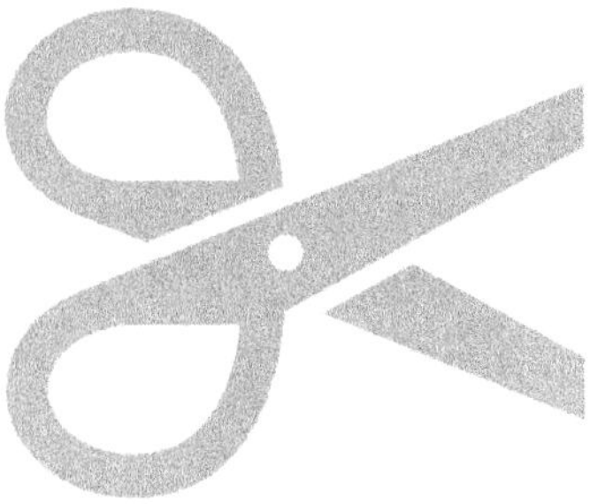
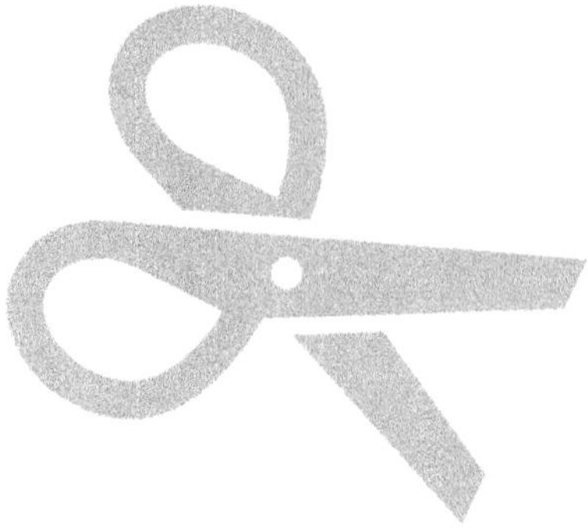
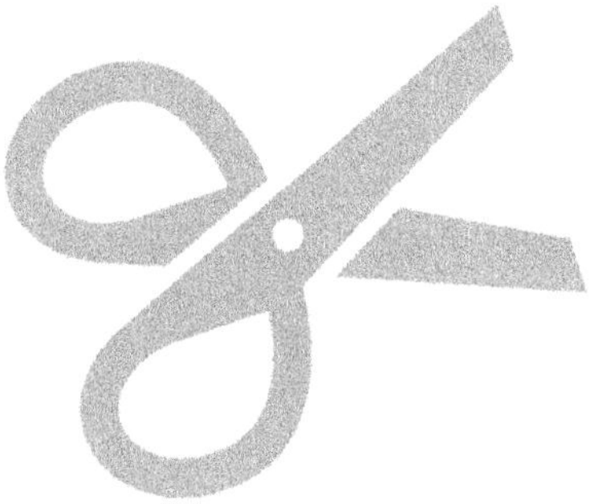
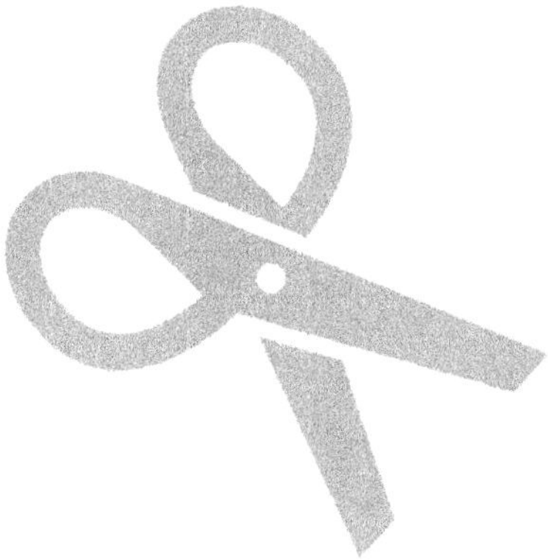
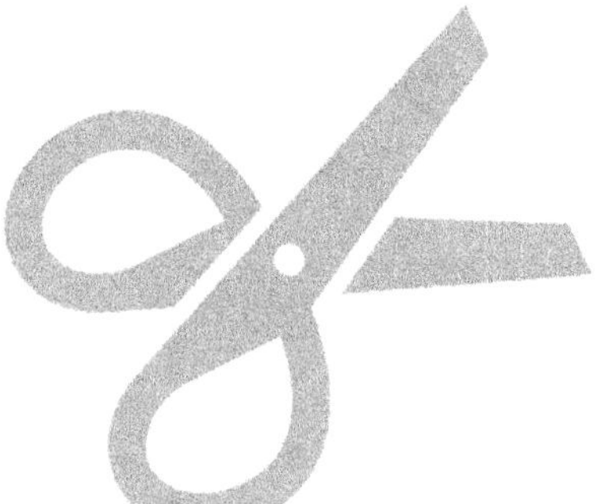
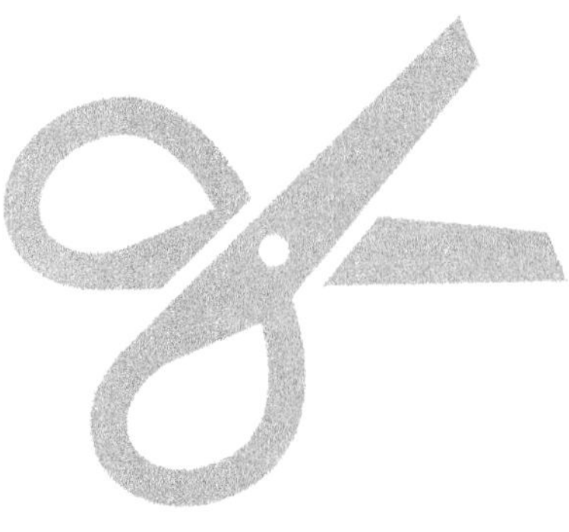

Memorama para recortar

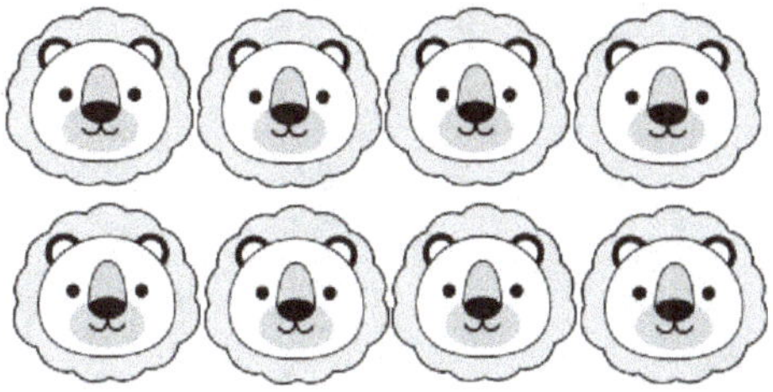

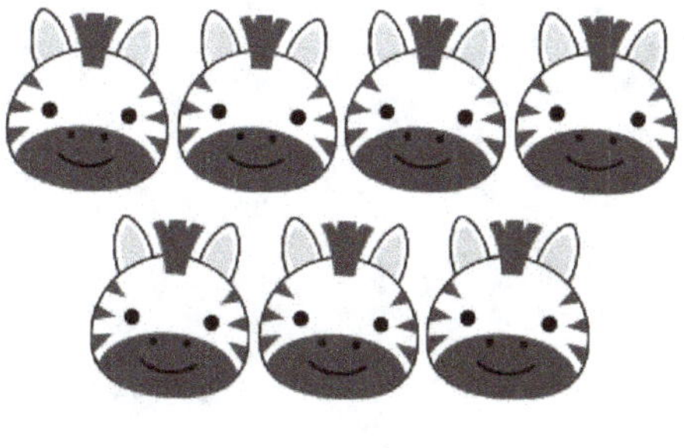

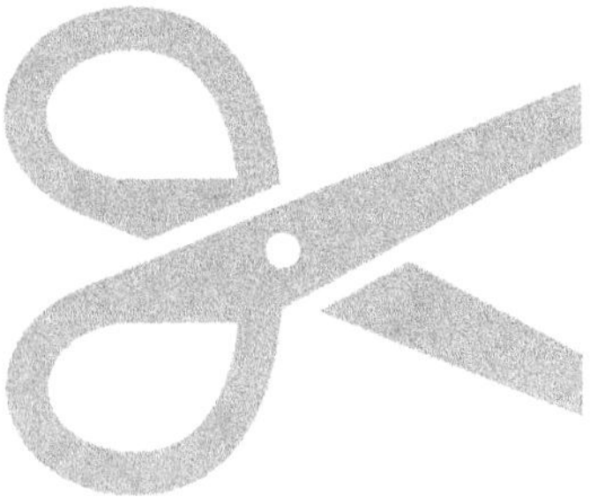
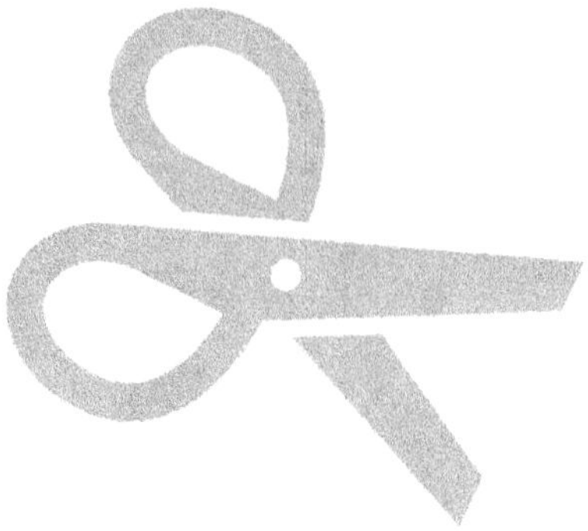
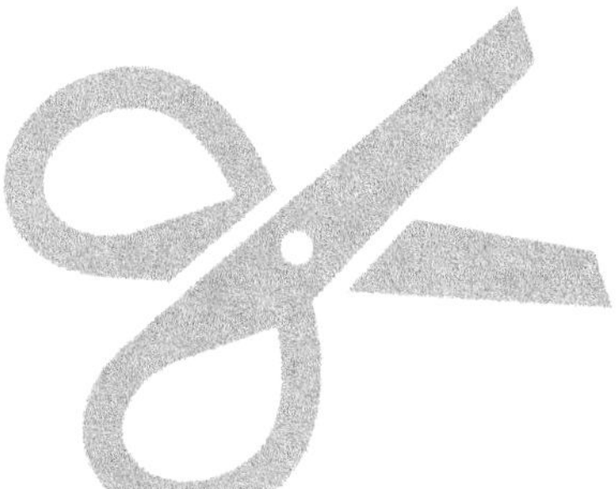
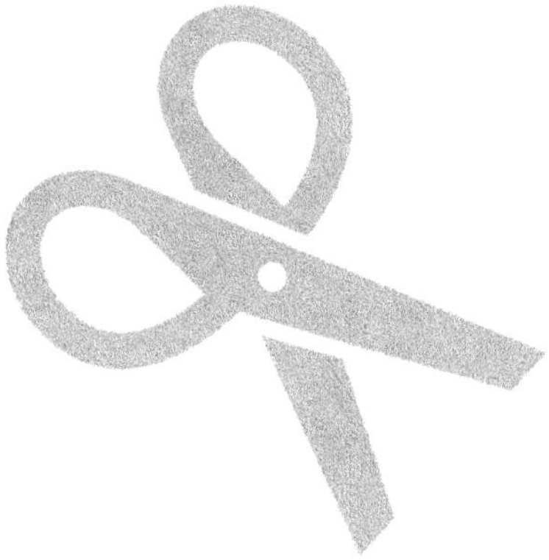
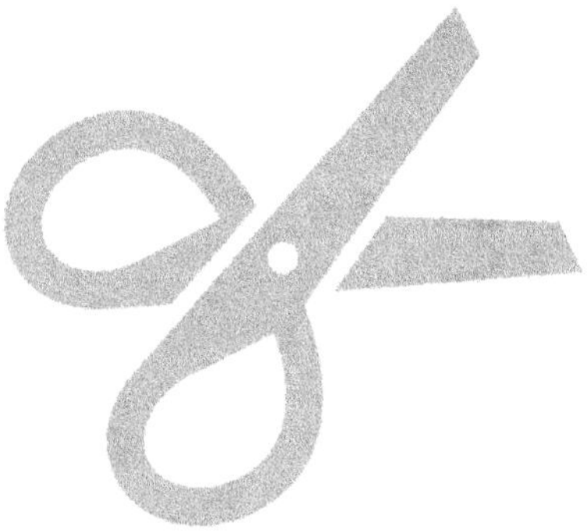
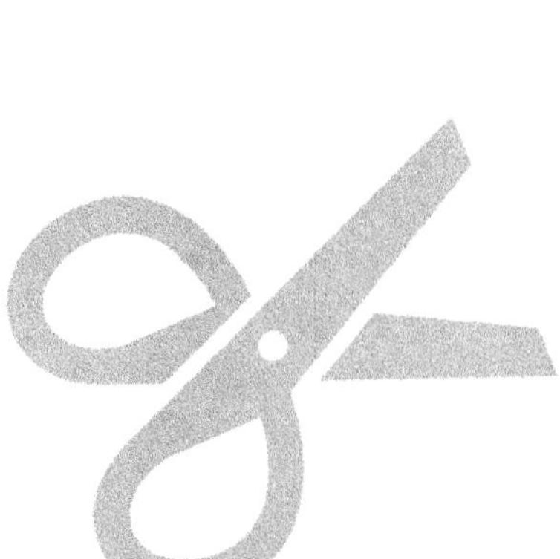

Matemáticas de Colores

Memorama para recortar

1

6

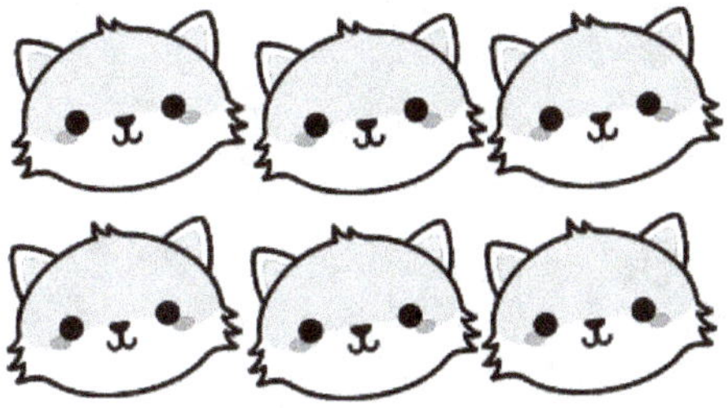

1

5

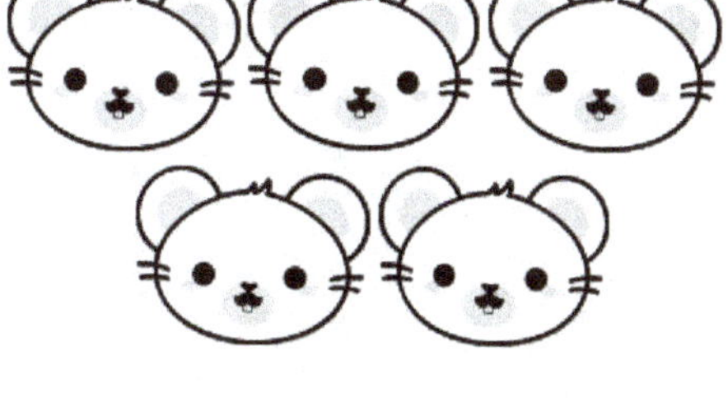

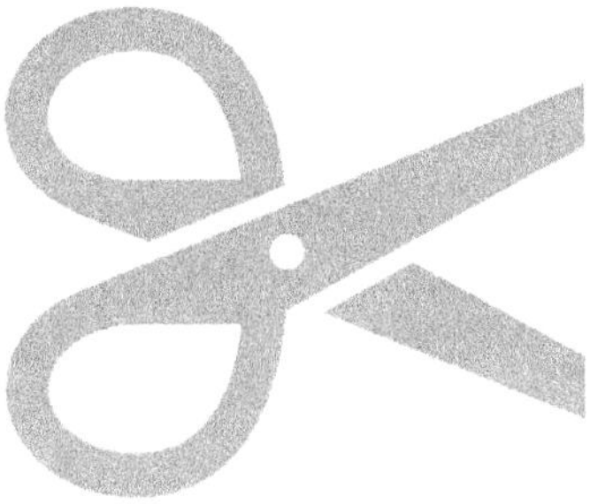
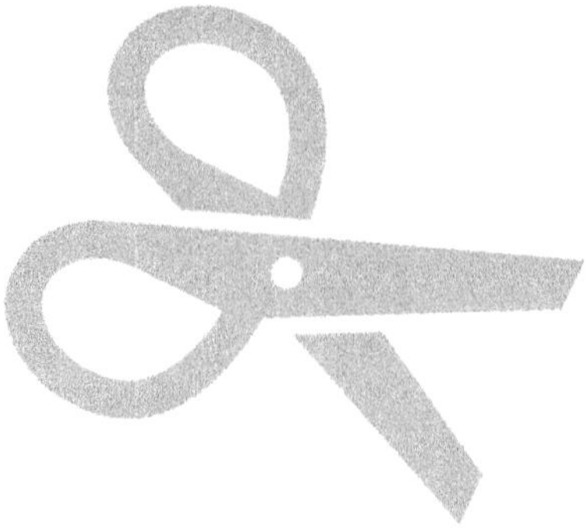
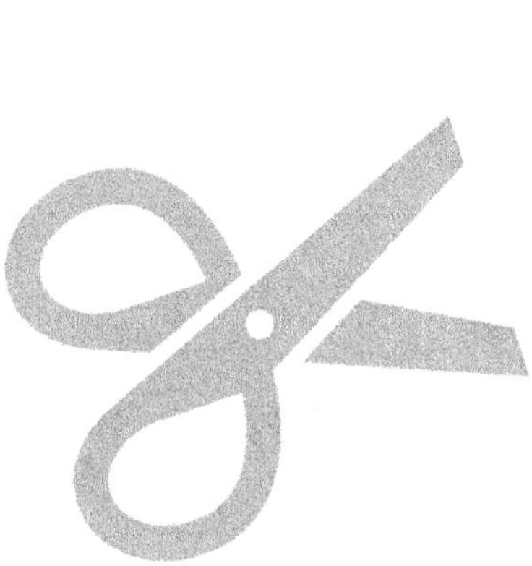
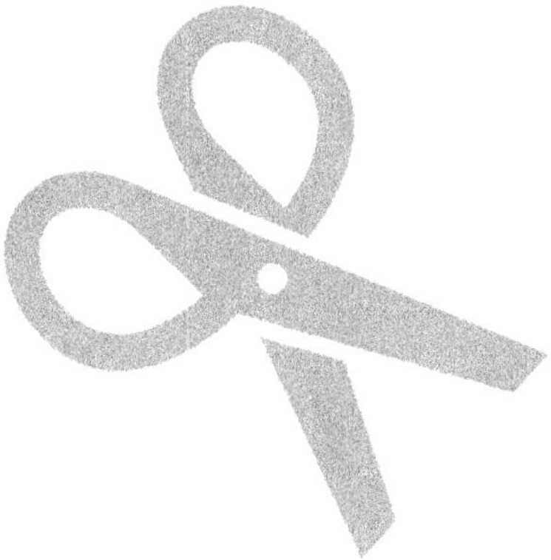
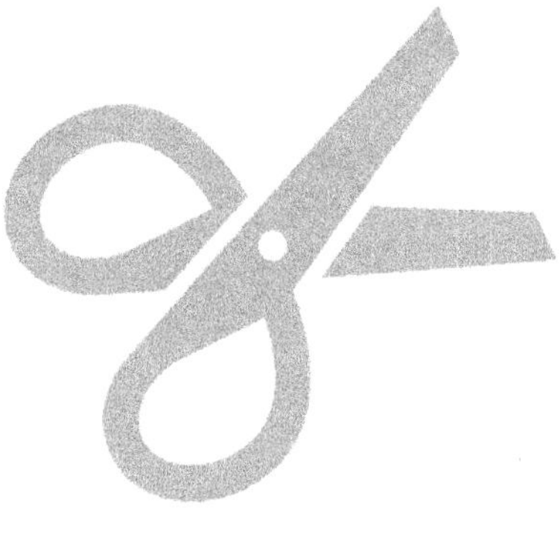
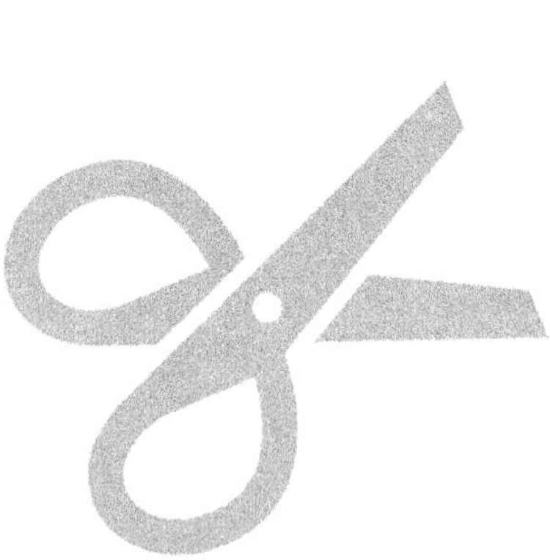

Memorama para recortar

Tutoriales
Aprende
en un Click

Tutoriales
Aprende
en un Click

4

Tutoriales
Aprende
en un Click

Tutoriales
Aprende
en un Click

3

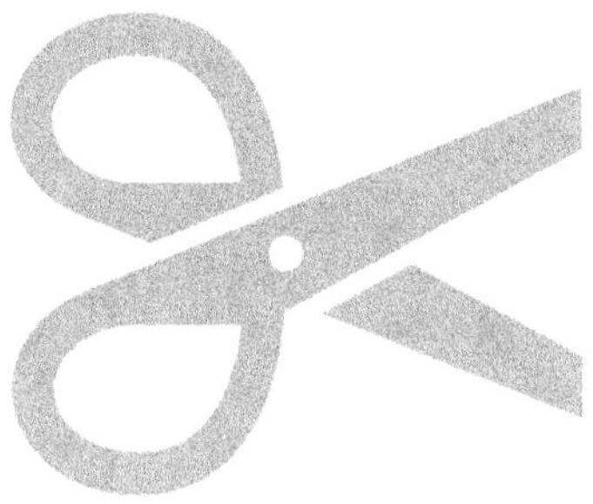
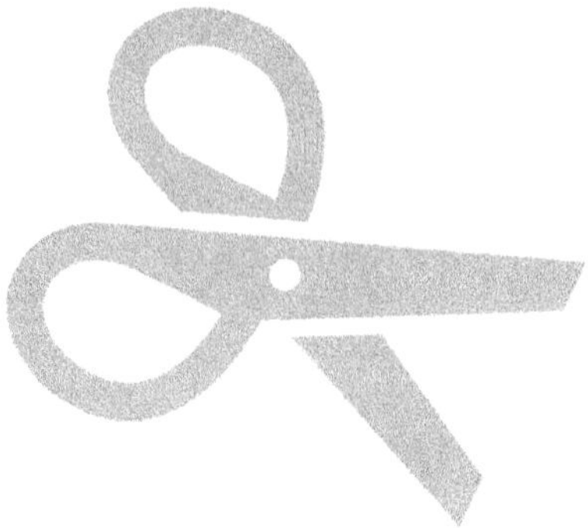
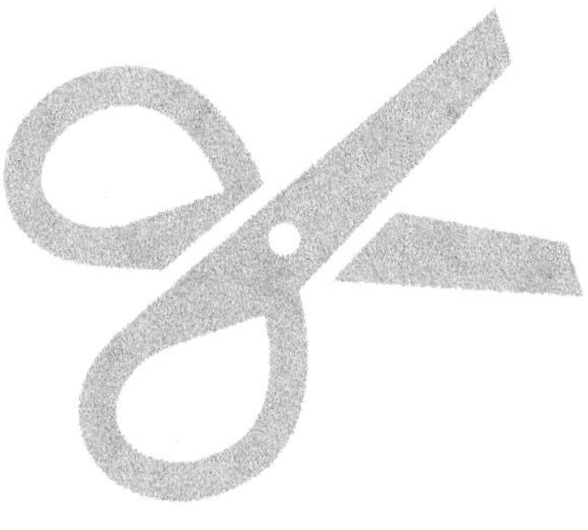
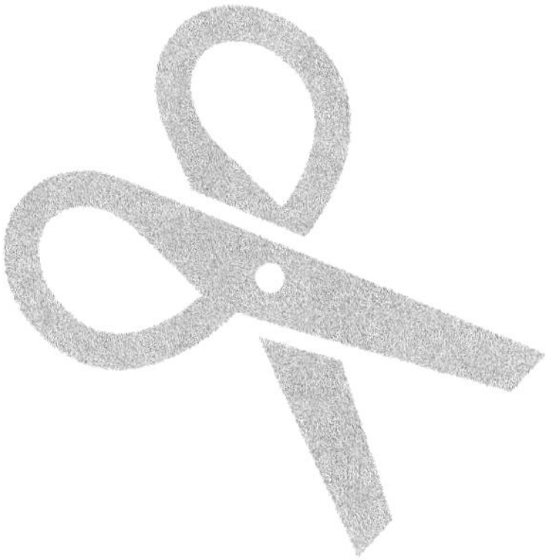
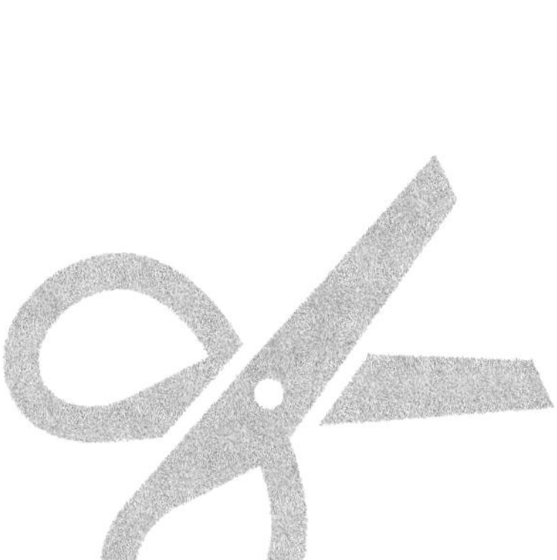
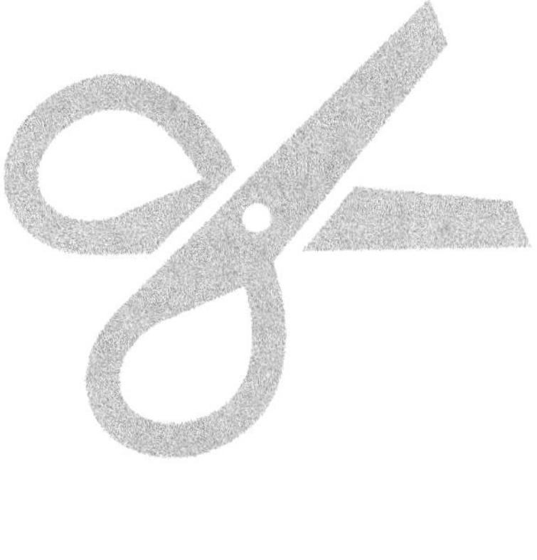

Memorama para recortar

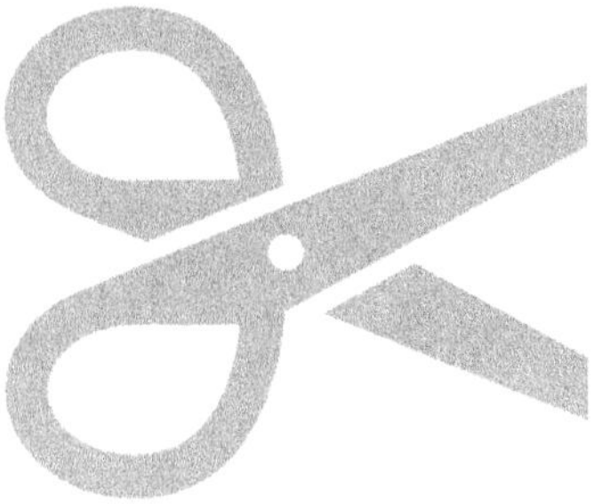
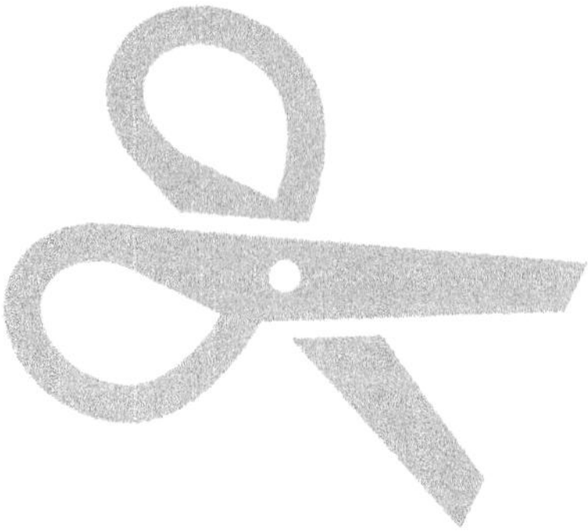
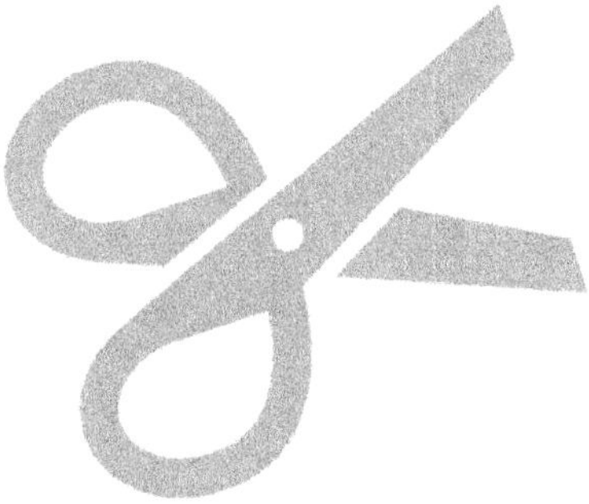
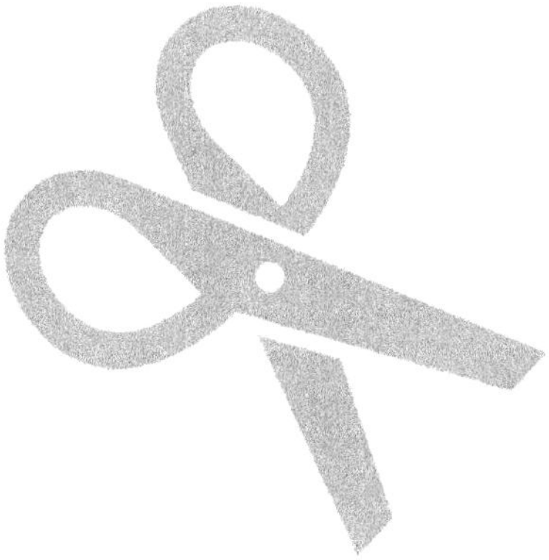
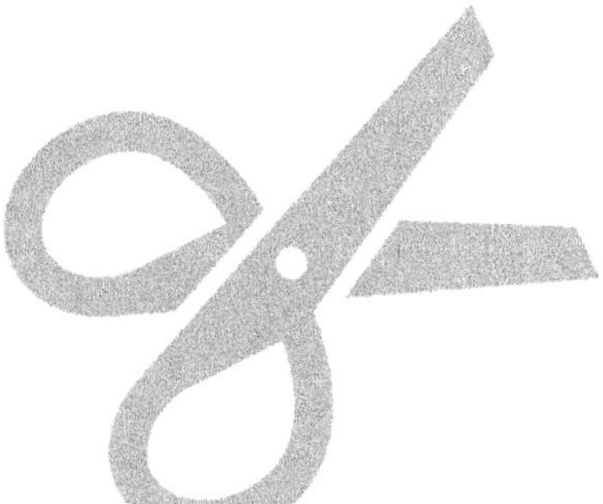
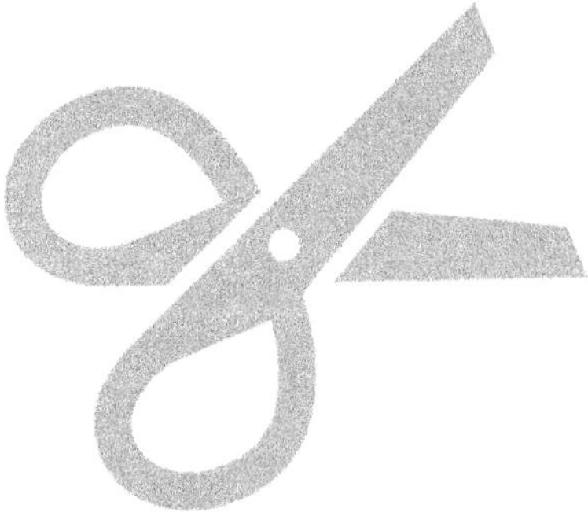